绽放你的职场优势

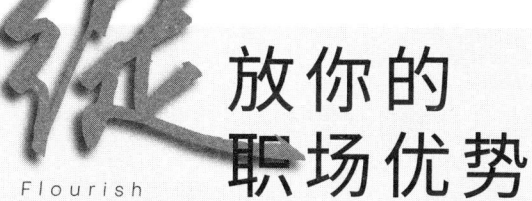

Flourish At Work With Strengths

王海萍 著

上海社会科学院出版社
SHANGHAI ACADEMY OF SOCIAL SCIENCES PRESS

献给我的家人

　　Andy，Evan，Daniel & Howard，
因为你们，我愿成为更好的自己！

序

曾几何时，中国企业界流行着一种"木桶理论"。理论的精髓是一个木桶能装多少水取决于最短的那块板。在这种理论的指导下，企业纷纷寻求弥补自己短板或弱势的方法，而忽视了充分发挥自己的优势和强化企业原有的核心竞争力。其结果往往是浪费了很多人力、财力和其他资源，可谓是本末倒置。在现代企业运营环境里，如何充分发挥自身的优势，即核心竞争力，并通过与其他企业的合作构建优势互补的生态圈，是企业战略规划和实施中应该思考和落实的关键。

经营企业如此，人生又何尝不是这样？我们每个人身上总有一些属于自己的相对优势。李白曾有诗云："天生我材必有用。"老东家华为公司任正非总裁（以下简称任总）也多次说过，人不必成完人，只要发挥自己的最大优势，就一定能成功。任总的成功本身即是一个通过充分发挥自身优势而获取成功的极好例子。本人曾有幸在任总身边工作几年，据个人观察，任总身上总能明显体现出以下几个突出优势：前瞻、战略、统率、思维、专注、沟通及学习等。华为和任总的成功固然是众多因素使然，但充分发挥其自身的优势才干不得不说才是关键因素。

纵观人类文明进程，几乎没有哪个杰出人物不是通过充分发挥自身优势而成就一番事业的。杰出人物如此，我们芸芸众生也可以通过了解和发挥自身优势，在工作和生活中取得不同程度的成功和期待的结果。回顾自己二十多年企业并购的职业生涯，我能明显地感受到自身的一些优势和特点，如战略、思维、分析、回顾和专注等，这些优势对自己的事业帮助很大。总之，认识并发挥自己的优势，不仅对工作和事业有莫大帮助，而且对促进家庭生活和朋友关系也会有诸多益处。

然而，了解和认识自己并非易事，我们大多数人穷其一生都在迷茫中度过，我们渴望有一种方法，或者理论，或者工具能够帮助我们更好地认识自己，特别是认识到自己的优势，让工作和生活更加顺利！盖洛普的克利夫顿优势分析，即是一个非常不错的工具，能够帮助我们更好地发现和认识自己的优势。通过分析，我们可以更好地认识到自己最强的几项相对优势，这些优势意味着什么，对我们的工作和生活能起到什么作用，以及帮助我们怎样跟他人更好地协同与合作。

我很有幸认识盖洛普优势教练王海萍老师，并受到她诸多启发和指导，在她的引领下，我对自己的优势有了更好的了解，她提供的方法也帮我解决了一些困扰许久的问题，受益匪浅。我也很高兴地看到，王海萍老师将其多年在优势辅导方面的真知灼见写成本书。这本书对不同领域的才干作了很好的诠释和阐述，也对不同阶段的职场人如何发挥自己的优势作了大量分析，并提出建议。不论你是初涉职场，抑或是职场老兵；

是准备创业,抑或正在搭建更大的团队,相信王海萍老师的这本书都会令你感到惊喜并收获满满!

Enjoy your journey!

林国雄*

2021年10月于上海

---

* 林国雄,澳洲麦考瑞大学金融学硕士,莫纳什大学商业法律硕士。曾任职华为技术有限公司企业发展副总裁,美国霍尼韦尔亚太区并购副总裁,美国科惠医疗(美敦力)公司全球新兴市场企业发展副总裁,药明康德集团高级副总裁。

CONTENTS
目录

序   1

第一章　为什么你需要了解自己的优势   1
  一、优势有哪些构成要素   5
  二、我们为自己的独特优势而生   7
  三、发现优势的科学方法   9
  四、你可以寻求优势教练的帮助   10
  五、优势的想象力   11
  六、成为自己的伯乐，绽放你的职场优势   13

第二章　盖洛普发现了哪些成功优势   17
  一、执行力优势主题   18
  二、影响力优势主题   19
  三、关系建立优势主题   20

四、战略思维优势主题　　22

第三章　发挥优势，你需要内省的五个点　　24
　　一、"饥饿"与"营养"——才干是你内心的召唤　　24
　　二、"傲娇"与"抓狂"——才干的两面性　　28
　　三、"成也萧何，败也萧何"——才干的发挥需要
　　　　"恰到好处"　　32
　　四、"我思，故世界在"——才干是你看世界的有色
　　　　眼镜　　37
　　五、"心有千千结"——才干的"被压抑性"　　42

第四章　优势完美发挥的样子是怎样的　　45
　　一、执行力优势之美　　46
　　二、影响力优势之美　　51
　　三、关系建立优势之美　　57
　　四、战略思维优势之美　　64

第五章　该怎样发挥你的优势　　73
　　一、专注你自己的独门"优势武功秘籍"　　73
　　二、乘着优势的羽翼飞翔　　75

三、刻意练习，让你的优势开花结果　　　77

四、通过积极暗示让你的优势闪耀光芒　　　80

五、缺一不可的完美搭配，让弱势去见鬼　　　82

第六章　优势可以帮你解决哪些职场问题　　　85

一、职场初启航：通过优势选定你未来的专业和职业方向　　　85

二、职场人际圈：用优势的视角管理工作中的关系　　　90

三、职场最顶层：优势依然能够为你带来洞见　　　92

四、创业再出发：运用优势寻找你的最佳搭档　　　95

第七章　如何在团队管理中运用优势理念　　　98

一、千禧一代的员工需要怎样的管理者　　　98

二、作为经理，你需要注意才干的两面性作用　　　99

三、团队有怎样的优势 DNA　　　100

四、团队曾有过哪些巅峰时刻　　　101

五、排兵布阵，如何巧用优势组合　　　101

六、优势自荐与他荐，充分赋能团队　　　102

七、优势 SayDoCoCe，你可以这样辅导员工　　　103

第八章　优势教练如何帮助你发挥优势　　105

一、优势教练的目的是什么　　105

二、优势教练的魔力在哪里——问题导向 VS 意义导向　　107

三、优势教练遵循哪些原则　　111

四、优势教练会预先对客户作出假设吗　　119

五、优势辅导案例展示　　124

附录　　150

常见十大优势辅导 Q&A　　150

参考文献　　156

后记　　158

第一章
为什么你需要了解自己的优势

> 告诉我
> 你要干什么
> 在这野蛮却宝贵的人生里？
> ——玛丽·奥利弗（Mary Oliver），美国诗人

2011年，我在完成博士课程后加入了著名的美国咨询公司盖洛普，在那一年接触到优势理论，并成为一名认证优势教练。在此之前，我学习和研究的方向是心理问题及其治疗方法，我的关注点永远是"问题"，以及如何帮助遭受这些问题困扰的人们获得心理健康。我一度以为，这会是我唯一的职业方向。

然而，优势理念和教练方法的学习，让我一下子就爱上了这个开发人们潜能的工作。这份工作是如此有趣，你可以通过一份测评去重新认识一个人，了解一个人，并且关注的焦点是这个人为什么如此独特并与众不同。这在某个点上击中了我对人性本善、天生我材的相信与想象，我完全陷入到对优势可能给人带来的积极改变的憧憬中。优势教练工作常常令我和我的客户在特定的时间点上沉浸在积极的氛围中，悦纳、肯定、认

可、赞美、共鸣、自信、启发、喜悦……这是令人滋养、让人着迷、愿意无数次再寻觅的感受。

格雷戈·卖吉沃恩（Greg McKeown）在他的畅销书《精要主义》中提醒人们，要找到能够体现自己最大贡献峰值的事并将之作为一生的事业。这本书影响了成千上万的读者，然而，也让很多读者陷入思考：到底什么事才是自己最擅长的，在哪个方向上投资自己才会最大程度地开发自己的潜能，并给社会做出最好的贡献呢？

另一本畅销书《刻意练习》也教读者要在自己铆定的方向上投入足够多的时间，熟能生巧地成为这个领域具有独特竞争力的人才。还有一本大家都非常熟悉的畅销书《从优秀到卓越》，吉姆·柯林斯告诉人们，要想成功，你应该遵循"三环"理论，即你所做的事情应该是你最擅长的、社会需要的，且可以带来经济回报的。第二条容易判断，因为我们所做的任何事情，只要为社会所需要且不对社会有危害，就基本上都能找到其意义；经济回报也一样，只要有人需要、有人购买，就可以带来经济价值，其差别只在于利润的多少。而第一条几乎是最难的，你可以通过努力掌握很多事情，但哪件事是你最擅长的呢？

因为没有找到自身优势而在职业发展上走弯路的例子非常之多。比如，最近与从美国回来的朋友聚会，闲聊到另一个朋友的女儿，发现她的职业发展路径之曲折竟然就是一个典型的案例。这位朋友的女儿非常优秀，高中毕业考上纽约大学，学习新闻专业。毕业后觉得新闻不是自己想要的方向，反倒对教育发生了兴趣，于是去做了两年的英文老师。之后在父母的催促下，申请了美国一所名校读 MBA，但读了一年又觉得不是自己感兴趣的课程，辍学了。之后，她去了家乡所在城市的一家非营利机构做义工，没想到却爱上了这份工作，现在成为这家机构的正式社工。她觉得自己非常享受为他人提供帮助和咨询的过程，这就是她最擅长也最喜爱的工作。

在朋友们看来，她本来可以拥有一份高薪也更为主流的工作，但她却觉得那些工作都不适合自己。我记得我在美国时她刚考上大学，美丽有气质的她拥有极好的口才，寒假回来给学弟学妹汇报大学生活，非常有气场。加上她在高中时多次获得演讲比赛第一名的好成绩，大家都对她的未来一片期待，不曾想兜兜转转，她最终会在家乡的小城当一名非营利机构的社工。

虽然这对追求卓越的华裔家长来说多少有些失望，但我却不这么看，我觉得她会成为一名非常出色的社会工作者。一个人在自己擅长的岗位上肯定会取得卓越的成就，更何况是一个非常优秀的人在做自己擅长的事呢！但我仍然为她感到可惜，遗憾她没有早一点了解自己的优势和天赋，没有更早一点找到所热爱的工作。

美国对青少年的职业发展和生涯指导工作比我国要完善得多，但仍然会有数量众多的人群并不了解自身的优势以及契合的职业方向。究其根本原因，还是人们在做职业选择时更多地考虑了现实因素，而没有考虑到一个人的优势和天赋在职业发展中起到的至关重要的驱动作用。

绽放你的
　　职场优势

　　我在大学教书时认识的另外几个年轻人，都经历了学习不喜欢的专业时抑郁消沉，转到自己热爱的专业时重新活出风采的过程。其中一个男生听了父母的话学习电气自动化，希望毕业后回到父母所在的供电局工作，但他本人对这个专业完全没有兴趣，硬着头皮学了一年，还是转到了管理学院。到了管理学院，各科成绩表现优秀，还做了团支书，小伙子的精神面貌和之前相比，也有了翻天覆地的变化。另一个女生，大一时学了自己不喜欢的专业，甚至为此得了抑郁症，所幸一年后转到自己喜欢的对外汉语专业。这个漂亮的女生终于活出了自己的风采，微信上经常秀出各种美拍，本科毕业后留学法国，一路向着自己的目标奋进。还有一个女生，通过辅修第二专业找到自己的所爱，并成功申请到加拿大读这个辅修专业的研究生，今年已经毕业，并准备继续修读博士学位。

　　这些年轻人其实都是幸运的，因为他们在职业早期就发现自己不在心仪的职业轨道上，并及早地调整了方向。而有很多人，在职场上已经闯荡多年，还没有找到自己最擅长的事。虽然工作照旧在做，也不断在弥补和加强自己的不足，但就是没有找到"心流状态"（因热爱而全情投入、不觉时光流逝的感觉）。更有很多人，是在拿自己的弱势跟工作进行死磕式作战，为获取一点点成就而耗费巨大心力。他们当然也会有所反思，对自己的现状并不满意，但却不知道正确的方向在哪里，什么状态才算是自己最舒服、最有工作激情、最能发挥自己独特优势的状态的。

一、优势有哪些构成要素

现实中,绝大多数人一辈子从事着自己可以胜任但未必是最擅长的事情,因为识别出最擅长的才能真的很不容易。《精要主义》里有一个问题,问得非常好:你觉得什么事是你不做就会后悔的?这可以从反面帮你做减法式的甄别,将你可以不做的事情删去,剩下的就可能是你感觉非常有必要去做的事,或者不得不做的事了。这件事或许就是你有使命要做的事,也有非常大的概率是你有天赋可以做好的事。

此外,很多关于优势和积极心理学的书里都介绍了用优势的表现特征来帮助一个人识别他/她的天赋。这些特征有很多,比如你对一件事有渴望、你对一件事学得很快,等等。在这些介绍里,有3个共同特征,可以称为优势的三大构成要素,这3个要素是:表现卓越,激情投入,经常应用。

从以上3个要素可以看出,优势就是我们愿意高频率地、充满激情地投入其中并能取得卓越表现的事情。我个人的经历可以对这个概念试作诠释。我刚开始加入咨询公司做咨询顾问时,非常不喜欢的一个工作内容就是制作PPT,但由于工作需要,我不得不花很多时间来美化我的想法,因为咨询公司的理念是形式和内容并重。所以我会花很多时间尽力让我的PPT足够美观,这是我的常规工作内容之一,但我完全没有激情倾注在这件事上;恰恰相反,我时常对这个环节感到厌倦。尽管我投入了很多精力,但我的表现也不能算是卓越,比起公司专门美编的同事经手过的PPT,还是有很大差距。然而,当我转到培训部时,我只负责培训和优势辅导,我觉得自己的激情一下子被点燃，我可以很快地把培训内容消化并与原有知识连接再输出给客户。每当我打开同事编辑好的 PPT 开始培训时，都感觉是美好形式与美好演绎的绝佳搭档。这大约就是应用优势的体验吧，这种体验会带来极大的成就感和满足感。

所以，你可以询问自己，你所擅长的事中，哪一件是让你有优异表现、产生巅峰体验的？这件事会让你产生"心流"体验吗？就是你会废寝忘食地投入其中而忘记时间、忘记世界？还有，你渴望下一次再这样忘我地投入其中，或者让你一生都做这件事，你也会乐此不疲？

最近微信头条上的一则新闻吸引了我的注意，这是一则有关杭州一位老先生为老伴儿举办"家有娇妻"摄影展的消息。展览就在他自己家中举办，摄影内容全部是老伴儿的照片。这样一个个人小展之所以引起大家的注意，是因为展览的内容很独特，而媒体了解到的办展原因则更令人羡慕。原来老先生从年轻时就喜欢摄影，家里的余钱都用来购买摄影器材，几乎所有业余时间都用在摄影上，一到周末就骑着自行车到处摄影，回到家又一头扎进暗房去冲印，基本上是老伴儿一个人持家带孩子。他说他自己也没办法，就是痴迷这个事。现在之所以办这个以老伴儿为主题的摄影展，就是想表达对老伴儿这么多年无条件支持的感激。

网上评论大多被这一对 70 岁老夫妻的恩爱所感染；但我关注到的点却是老先生对摄影的痴迷，这不就是对一个人优势的最佳诠释吗？有激情、有渴望，不由自主地寻找机会去做并且完全投入其中，这是多么美好的事！而且其摄影作品又记录了杭州城几十年的变迁，多次举办摄影展，得到业界认可。在既有激情又擅长的事情上忘我投入，并取得卓越成绩，这就是找到自己最擅长的事的标志性特征。

一个人有机会投入在自己最擅长的事情上，是人生中最宝贵、最幸福的事！

二、我们为自己的独特优势而生

有机会做自己最擅长的事是幸福的，人生是丰盛的。然而，现实中大部分人可能仍走在探寻自己优势的路上。不仅今天的人们如此，历史上的先人们也曾一样地努力自我探索。例如，在希腊德尔菲的太阳神庙上就镌刻着三条箴言，其第一条就是"认识你自己"。这说明认识自己不是那么容易的事，苏格拉底则把它上升为哲学层面的议题；中国人也说"四十不惑"，暗示认识自我是每个人40岁以前的人生课题。

所以我相信你也一定曾经问过自己：我到底是谁？我应该怎样度过一生？

对这类问题的思考可能从青少年时期就开始了，很多人甚至在中年之后，对世事已经"不惑"，却对自我仍感到困惑。你为什么会问这样的问题、为什么会持续地自我探索？这其实是有心理学渊源的。心理学家认为，自我探索根源于人类与生俱来的"自我实现倾向"。

"自我实现倾向"是人本主义心理学家卡尔·罗杰斯"来访者中心"理论的基本假设。罗杰斯认为，个体还在母亲子宫里的时候，就已经生成了自我实现的追求倾向，这个"自我实现倾向"如同一粒种子，在个体离开母亲的子宫后，引领一个人继续自我探索之路。

根据罗杰斯的理论，个体在离开母体后，会向着最具天赋（或称才干）的方向发展，直到长成每个人最理想的样子，也即"天生我材"所应该的样子，发挥每个人的聪明才干，作为社会的一分子为社会做出应有的贡献。罗杰斯把这种完全发挥自我才干的状态称为人的"理想自我"。

然而，理想自我通常难以完全实现。个体在出生后，一方面会接收来自家庭和社会的爱，另一方面则会受到家庭和社会寄予的各种期望的制约。如同弗洛伊德的人格结构理论所解释的一样，幼年时的个体处在类似"本我"的阶段，一切要求父母均无条件的满足，给予孩子足够的爱。稍稍长大一些，进入童年阶段，父母和亲族开始对孩子实行爱的管束，要孩子向着家族和社会所期许的方向成长。于是，当孩子再想如幼年一样得到任何想得到的东西时，都必须先要满足他人的期望才能获得。比如，如果想获得某个玩具，就需要在期末考试中得到某种级别的成绩。

他人的期望就如同"超我"，是一种符合社会期许而可能与"本我"愿望相违背的要求。在"超我"的约束下，个体不得不努力让自己的"本我"愿望向"超我"要求妥协，从而既在某种程度上满足本我的愿望，又能让"超我"感到满意。这种妥协的结果就是形成了在"本我"趋向和"超我"期望之间努力寻找平衡的"自我"。

这种妥协最为经典的案例体现在我们对专业和职业的选择

上。一个人可能本来热爱的是艺术，但因某些原因，他不能选择这个专业，而转学了其他更能赚钱的专业。当个体因为他人的期望或某种现实的限制而背离了内心向往的方向，转而走上一条妥协路径的时候，他/她就会在这条路径上成长为罗杰斯理论中的"现实自我"。

经过努力，现实自我也会取得成就，并看起来很成功。然而，由于与生俱来的"自我实现倾向"的存在，会令人们常常在夜深人静之时，思索自我的现状以及自我到底是谁这个困扰人类的终极问题。"自我实现倾向"就如同一朵开放在内心深处、营养不良的小花，在你为现实所困顿而陷入思索或者为表面的成功庆祝后遁入沉思时，那朵小花就会摇曳在眼前，提醒你它需要照料，你的"自我实现倾向"需要更好的营养。

分析心理学家卡尔·荣格认为人会发生"中年危机"，即当按照他人和社会的期许在"现实自我"中努力拼搏多年后，你会重新思考自己的人生以及存在的意义，会希望用余生的时间去寻找真正的自我。也即罗杰斯的"自我实现倾向"通常会在中年时更猛烈地向你发出呼求，推动你去向着"理想自我"前行。

三、发现优势的科学方法

然而，找到"理想自我"绝非易事！多少人探求一生也未能如愿。究其原因，是因为我们根本不知道自己想要怎样的"自我实现"，在这颗孕育于母胎中的推动我们自我实现的种子里，到底蕴藏着关于我们怎样的天赋密码？

绽放你的
职场优势

很多近现代心理学家都在试图破解这个密码，有人尝试从个性特征来解释人与人的不同，比如我们所熟知的内向和外向性格特征、大五人格、性格气质学说、九型人格说等；还有心理学家开发了测评人们的职业倾向性的工具，比如广泛应用的霍兰德职业倾向性测试。

但以上这些测评人的心理个性的工具都只是纯粹为了科学发现而做的研究，并没有把这些个性特征和人们的职业表现联系在一起。人们经过测评可以了解自己是怎样的一个人，但如何由此取得成功却无从知晓。

新一代人本主义心理学家或者更确切地说优势心理学家唐·克里夫顿，另辟蹊径地从人们的成功之路去寻找并定义那些促使人们获得成功的心理要素，也就是人们的优势心理特征，或者被称为天赋才干的要素。他的团队通过访谈各行各业的成功人士，收集这些人表现出的共同特质，并将这些特质归类总结，最后开发出一套专门用于识别人的天赋才干的工具，称为"优势识别器"。通过对177道题目的选择，最终会帮助你识别自身最具标志性的五大才干，以及十大主导才干，并告诉你，你具有哪些辅助才干，以及哪些弱势才干。有了这样一个"神器"，我们就能知道自己在以往的成长过程中，已经运用了哪些天生的才干，哪些还蕴藏着还没有发挥作用。

四、你可以寻求优势教练的帮助

如果你读不懂自己的优势报告，还可以请专门的优势教练来帮助解读。唐·克里夫顿的公司—盖洛普咨询有限公司培训认证了很多优势教练，他们专门帮助你识别自己的才干，并启发你如何利用这些才干形成自身优势。"教练"的过程其实就是在"现实自我"和"理想自我"中间架起一座桥梁，通过重新发掘你在"现实自我"中尚未应用的隐藏才干，以及优化利用已经在"现实自我"中运用过的才干，推动你尽可能地发挥自身的全部才干，以此来无限拉近你与理想自我的距离！关于这个过程如图1-1所示。在本书的后半部分，我会以我的优势教练经验介绍优势教练的工作方法并提供案例，以帮助你了解如何从优势教练那里获得启发和帮助。

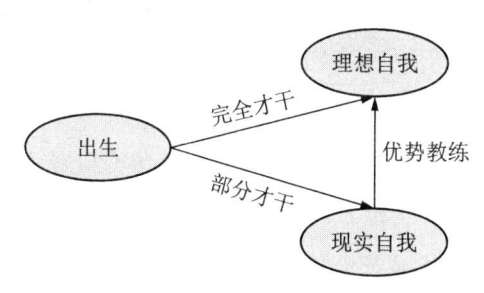

图 1-1　罗杰斯理论与优势教练的连接关系

五、优势的想象力

在过去的10年中，我辅导过非常多的企业和个人客户，他们绝大部分是世界500强企业的中高层管理者，也有一小部分是较小型的民营企业老板和核心团队，还有一些我们培训的潜在认证优势教练以及部分高中生和家长。

他们得以接受优势辅导的原因各有不同，有些是公司的管理层发展计划安排的，有些是自我探索希望突破个人发展瓶颈的,还有一些是多年资深的优势理念粉丝,在接触正式的辅导前已经把优势书籍读了上百遍。

同他们的谈话让我了解到这个理念以及这套工具的强大吸引力,他们对这套新的描述人们天赋优势的语言体系的个人解读和不遗余力的研究与推广令我钦佩与感动。记得曾有一位企业副总,在读了盖洛普的第一本有关优势的书《现在,发现你的优势》后,就不遗余力地在企业推广。为了让他的老板也了解并应用这套识人工具,他给老板的夫人和女儿都送了这本书,并指导她们解读自己的报告,最终得以在全公司使用优势识别器来甄别员工的优势。他说,在我公司工作的人都很幸福,因为我帮助他们认识了一个全新的自己。

还有一位非常年轻的企业HR,她因为认可这套工具,抓住机会就到领导那去推销游说,最后成功地给多个管理团队使用了这套工具,得到了大家的极大欢迎。她是公司最年轻的HR,一脸稚嫩的她却有如此勇气和韧性坚持把自己认同的东西推广成功,真心钦佩她!

而有机会接触到优势辅导的客户感受如何呢?在我辅导的客户中,几乎所有人都非常认同优势语言体系下的自己。他们几乎无一例外地经历了一个自我发现和自我认可的喜悦过程。有些人由此更加悦纳自己,有些人更加坚定了自己的职业方向,也有一些人突然明白了困扰自己的深层原因,还有一些人学会了如何有效管理自己的不足……最终,他们都找到了如何成为更好的自己的答案。

尽管每个接触到优势识别器的人都觉得非常受益,但很多人会遗憾没有更早一些接触到优势识别器,更早地找到自己最具贡献力的方向。由此,我常常想,如果所有人都能在最应该的时候,比如高中时的职业选择期以及刚刚工作时的职业启动期,就接触到优势识别器,了解自己的天赋、自己的才干,并在自己最具优势和才干的领域去努力,我们的社会将会涌现多少因激情投入而创造出的美妙事物呢?我们的社会又会减少多少因没有从事最擅长的工作而导致的怠工、浪费,甚至是抑郁呢?

我甚至希望这样一个梦想早日实现:所有的父母都可以从优势的视角去看待自己的孩子,所有的老师都用优势的视角去看待他们的学生,所有的经理都了解每个员工的独特优势,所有的企业都建立基于优势的企业文化……那么,"人尽其才"的人才观也就真的得以实现,世界上再无"郁郁不得志"者,每个人都可以"天生我材必有用"。如此,人才的理想国就将形成,而这样的理想国,必然是充满幸福与和谐的。

六、成为自己的伯乐,绽放你的职场优势

"人尽其才"的理想靠一家公司和一部分优势教练的推广是远远不够的,每个人都应该成为自己的伯乐。千里马常有而伯乐不常有。所以,你需要自己寻找发现自己独特优势的机会,并寻找发挥自己优势的机会。

拿破仑·希尔说:"对于生活,我们有选择权,我们能够选择改变平庸的生活。"

在公司工作时,我们每年会去各大高校进行校招。校招之

绽放你的职场优势

前,我们会提前发布信息,并赠送优势测评码给报名来应聘的学生,这既是招聘吸引人的策略,也是宣传优势工具的策略。我们会给测评过优势的学生做工作坊来解读优势理念以及他们的优势报告。

每次当我看到这些主动抓住机会来了解自己的优势,并在工作坊中积极讨论、探索自我的年轻人时,都心潮起伏。想象我们在大学期间是否曾经这样积极地面对过自我探索这个话题,是否曾经保持开放的心态来迎接每一个机会的降临?

我之前的一个同事,也曾让我有过这样的感受。她是一个大学刚刚毕业的本科生,从事最基础的行政助理工作,但她的好学和探索精神却让我印象深刻。她积极地发掘自己的才干,在做好本职工作的同时,热情地帮助其他同事,并因此熟悉了这些工作而快速地转换跑道加入另一个部门,成为一名咨询顾问,接触公司最核心的业务。在她身上,我看到了勇敢发现自己、成就自己的自我伯乐精神。

也许现在的你已不再年轻,但没有关系,认识自我永远都不晚。我的客户中很多都已是中年人,但自我探索和自我发现仍旧给他们带来启发与顿悟。中年期是自我探索的高峰期,在这个时间点认识自己非常重要。

其实,无论何时,自我发现的过程都会帮你开启一个新的人生篇章,你都可以更好地总结过往、规划未来。对自己的充分了解会让你更有信心拥有一个无憾的人生。随着 VUCA (Volatility、Uncertainty、Complexity、Ambiguity) 时代的到来,我们所处的环境不断变化、迭代和重组,对自我的认知、

第一章 为什么你需要了解自己的优势

接纳和发展提出了更富挑战的要求。全世界都在探索如何跟自己和解、跟他人共存、跟社会协同。在工作环境中的关系建立尤具挑战性，个人风格和岗位角色之间的融合、上下级的有效沟通以及团队间的协作等，无一不充斥在我们的日常工作中，并决定着工作体验的好坏。这就是为什么很多时候你会质疑自己是否跑在正确的职业轨道上？为什么你非常努力却还是不能表现出色？如何根据自己的独特优势做出更有可能导向成功的职业转型？怎样打破职业天花板让职业生涯再次绽放魅力？如何知己知彼地处理上下级关系？所有这些问题，你都可以通过了解自己的天赋优势获得启发和洞见！

所以，请成为你自己的伯乐，寻找机会去探索自己、了解自己、发现自己、欣赏自己、悦纳自己、督促自己、成就自己！

如果你有缘读了本书，希望你能在众多自我发现的工具中，使用盖洛普的优势识别器来了解自己的才干。这是在我所熟悉的测评工具中，非常靠谱的一款。另外，也请阅读本书后面的章节，我将会带领你认识这套工具，了解优秀的人如何发挥他们的优势、如何管理和发展他们的优势，并从教练的视角，让你看到优势教练如何帮助人们更好地发挥自己的优势。

古语说："君子谋时而动，顺势而为。"意思是说，聪明有远见的人会做好准备，在合适的时候做出行动，顺着当时的形势做出判断，有所作为，这是我们与环境的互动。事实上，更为重要的是，我们要了解自身的"势"，了解自身的优势，发挥自身的优势，才能借着环境和时代的大势，有所成就。多年的优势辅导让我深信一件事，那就是凡是在自己的岗位上取得

15

绽放你的职场优势

卓越成就的人，都是把自己的优势发挥到极致的人，都是顺应自己的优势而努力奋斗的人。这是我们与自己的互动，是更加本位的生命任务。

因此，我诚挚地邀请你和我一起踏上优势的发现之旅，成为自己的伯乐，绽放你的职场优势！

第二章
盖洛普发现了哪些成功优势

一个人为什么会表现优秀？一个优秀的人可能会具备什么样的品质和特征呢？盖洛普访问了众多社会各行各业各层级的优秀人士，归纳提炼出 34 项特质，并开发出识别这些特质的工具——优势识别器。优势识别器会测评出一个人的 34 项特质，并按照特质的强度进行排序。盖洛普把这些特质定义为才干："那些反复出现的天生的思考方式、感受方式和行为方式。"

那么为什么叫做优势识别器，而不是才干识别器呢？这是唐·克利夫顿先生的一个美好愿望，即希望人们经由天生的才干，成功培养自身的优势，最终达到自我实现。因此，优势的定义是"在某一领域持续做出近乎完美表现的能力"。举个例子来说明一下才干和优势的区别。一个有音乐天赋的人，会对音乐有天生的敏感，能够更自然地捕捉到音符的节奏以及旋律的美妙，并对音乐有更丰富的想象力。但从这些音乐才干，到成为一名出色的音乐家，他还需要不断地学习音乐知识，练习演奏技巧。所以，盖洛普认为，才干×投资（投入练习和开发技能、学习基础知识上的时间）=优势。

我在盖洛普做培训师时，经常会引用唐·克利夫顿先生在 2003 年离世前写给儿子，现任盖洛普总裁吉姆·克利夫顿的一封邮件。老先生在邮件里说，多希望 10 年后能有 100 万人使用优势识别器发现自己的优势。而到 2013 年的时候，全球使用过优势识别器的人已经超过了 1 000 万。如果你打开盖洛普的官方优势识别器网站，会看到页面最上方有着醒目的一行数字，那便是截至该时刻全球已经使用过优势识别器的人的统计数字。此时此刻，我打开网站，测评人数已经超过了 2 000 万！据盖洛普内部数据统计，全球共有 50 多万人使用汉语进行测评。

那么，盖洛普的优势识别器所识别出的才干主题有哪些呢？为了方便对这个工具不太了解的人阅读本书，这里做一个简单的介绍。这些主题描述是基于我的理解上的简要阐述，更详细的介绍请参阅盖洛普的著作《优势识别器 2.0》。为帮助大家提纲挈领地记住这些主题，我把它们直接放在盖洛普的领导力优势四个维度里面，即执行力、影响力、关系建立能力、战略思维能力。

一、执行力优势主题

1. 成就：成就主题较强的人大都精力充沛，锲而不舍。他们乐于忙忙碌碌并有所作为。成就主题突出的人总是"不待扬鞭自奋蹄"。

2. 统筹：统筹力强的人兼具组织能力，同时兼具与之互补的灵活性。他们善于合理安排现有资源以实现最大功效。统筹主题突出的人就像杂耍大师，纵使任务令人眼花缭乱，却总能不差分毫地照顾妥善。

3. 信仰：有强烈信仰的人必定拥有某种经久不变的核心价

值观，并由此形成明确的生活目标。信仰主题突出的人可靠，可信赖！

4. 公平：公平心强的人深知应平等待人。他们确立并坚持这一准则，即公平地对待每一个人。公平才干主题排名靠前的人会认为一致地对待他人才是公平。

5. 审慎：他们每做一个决定均慎之又慎，并设想所有的困难。审慎才干主题突出的人做出的计划基本都万无一失，由他们来做旅游规划绝对是最让你放心的！

6. 纪律：纪律性强的人做事井然有序，有章有法。他们建立规程，遵章守纪。纪律才干主题突出的人特别喜欢整洁！

7. 专注：专注力强的人能够确定方向，贯彻始终，及时调整，矢志不渝。他们先确定重点，再着手行动。专注才干主题排名靠前的人心中只有最终的目标，这是他们成功的保障。

8. 责任：责任心强的人言必有信。他们信奉的价值观是诚实、忠诚。责任才干主题排名靠前的人往往言出必行，一旦做不到，则会内疚自责。

9. 排难：排除故障的行家里手善于发现问题并解决问题。排难才干主题排名靠前的人善于找问题解决，并享受到处救火的成就感。

二、影响力优势主题

1. 行动：行动主题较强的人能够将想法付诸行动。他们往往缺乏耐心。行动才干主题排名靠前的人往往说干就干，边干边调整，不会花太多时间思考。

2. 统率：统率力强的人有大将风度。他们运筹帷幄，指挥若定。统率才干主题排名的人乐于坦率沟通，喜欢发挥指挥作用。

3. 沟通：沟通能力强的人善于将想法付诸言辞，他们是极佳的交谈者和生动的讲解者。沟通才干主题突出的人通常是谈话中的主导者。

4. 竞争：竞争性强的人参照他人的表现来衡量自身的进步。他们力争第一，陶醉于竞争的喜悦中。竞争才干主题排名靠前的人通过跑赢他人来驱动自己更为优秀。

5. 完美：完美主题较强的人专注于激励个人和团体追求卓越。完美才干突出的人喜欢精益求精，他们为了让自己满意而追求卓越。

6. 自信：自信心强的人对自身的能力充满信心。他们有自己的处世准则，做决定时成竹在胸。自信主题突出的人不惧任何未知的环境和境遇，他们总在关键时刻把握住自己。

7. 追求：追求主题较强的人希望在别人的眼中非同凡响。他们独立性强，渴望被承认。追求才干主题排名靠前的人希望能为他人和社会带来贡献，这种追求令他们注重名誉胜于一切。

8. 取悦：取悦主题较强的人喜欢结交新人并博取其欢心。能够在人际交往中打破坚冰、建立联系，并从中获得满足。取悦主题突出的人可以快速建立广泛的友谊。

三、关系建立优势主题

1. 适应：适应性强的人可以随遇而安。他们活在"当前"，接受现实。适应才干主题强的人懂得妥协的智慧，并深得其益。

2. 关联：关联主题较强的人深信世间万物都彼此关联。没有巧合，凡事必有成因。关联才干主题排名靠前的人在哲学层面与世人连接，与万物连接。

3. 伯乐：他们善于赏识并发掘他人的潜能。他们能够察觉任何细微的进步，并乐在其中。伯乐才干主题突出的人容易聚集人才，成为他人的知己。

4. 体谅：他们能够设身处地体会他人的情感。体谅才干突出的人是他人情绪的温度计，可以敏锐感知他人情绪的变化。

5. 和谐：和谐主题较强的人渴求协调一致。他们避免冲突，寻求共识。和谐才干主题排名靠前的人往往不喜欢冲突，因为他们认为经由冲突达成一致才是有建设性的。他们愿意求同存异，快速走出冲突，一致向前。

6. 包容：包容力强的人善于接纳人。他们关心那些被忽略的人们，并让他们融入集体。包容才干主题排名靠前的人希望所有人都充分参与，不愿任何人被忽略或隔离。

7. 个别：个别主题较强的人对每个人的与众不同之处兴趣盎然。他们善于琢磨如何将个性迥异的人组合在一起，创造出最大成效。个别才干主题突出的人认为根据每个人的特点因人而异地对待他人才是真正的公平。

8. 积极：积极的人浑身充满了富有感染力的热情。他们用快乐、向上来感召周围的人。积极才干主题突出的人天生乐观，他们永远看到杯子里那半杯水而忽略空的一半。

9. 交往：交往能力强的人喜欢人际间的亲密关系。他们最大的满足是与朋友一道为实现一个目标而同舟共济。交往才干主题突出的人享受"人生得三五知己足矣"。

四、战略思维优势主题

1. 分析：分析能力强的人喜欢探究事物的来龙去脉。他们有能力思考可能影响局面的诸多因素。分析才干突出的人不容易被说服，但一旦被说服，他们就会是该观点的铁杆捍卫者。

2. 回顾：回顾主题较强的人喜欢追溯从前。他们通过揣摩过去来了解当前。回顾才干主题排名靠前的人喜欢看历史、人物传记等书籍。

3. 前瞻：对于有较强前瞻力的人而言，未来令人心潮澎湃。他们用对未来的憧憬激励周围的人。前瞻才干突出的人通过未来的蓝图引领今天的努力。

4. 理念：他们痴迷于各种理念，能够从貌似毫无关联的现象中找出其内在联系性。理念才干主题排名靠前的人常常天马行空，有许多奇思妙想。

5. 搜集：搜集主题较强的人充满好奇。他们通常喜欢搜集、整理各种各样的信息。搜集才干主题排名靠前的人既可能广泛地搜集各种信息，也可能专注于某一类事物的搜集。

6. 思维：思维能力较强的人的最大特点是长于思考。他们勤于自省，敏于探讨。思维才干主题突出的人需要独处的空间，以便于进行深度的思考。

7. 学习：学习能力强的人有旺盛的求知欲，渴望不断提高自我。学习才干主题突出的人享受求知的过程而非结果。

8. 战略：战略主题较强的人足智多谋。针对不同的方案，能迅速找出相关的模式及结果。战略才干主题突出的人对任何一件事都会自然而然地给出最佳的达成路线，并总会有备选方案。

在《优势识别器2.0》学生版里，盖洛普把这34个才干归纳为四个维度里，如图2-1所示，可被称为才干领导力地图。通过这个归类，你会清晰地看到一个人整体的才干分布情况，可以更概括性地了解自己。

执行领域
成就、统筹、信仰、公平、审慎、纪律、专注、责任、排难
影响领域
行动、统率、沟通、竞争、完美、自信、追求、取悦
关系建立领域
适应、关联、伯乐、体谅、和谐、包容、个别、积极、交往
战略思维领域
分析、回顾、前瞻、理念、搜集、思维、学习、战略

图 2-1　才干的领导力地图

第三章
发挥优势，你需要内省的五个点

当你测评后得到自己的优势报告后，你需要思考以下几个问题：自己到底有哪些天赋才干？这些才干有没有被充分利用？在利用才干的过程中，有哪些应该注意的事项？本章就来回答这些问题。

一、"饥饿"与"营养"——才干是你内心的召唤

自我探索可能是贯穿很多人一生的使命。为什么我们要苦苦寻找自己呢？在第一章中了解了罗杰斯的理论后，我们就明白了，原来是那个天生的"自我实现倾向"在驱动着人们寻找自己，寻找能发挥自己的最佳才干达到自我实现的途径，也可以说，发现自己的才干并承担起运用这些才干的责任是每个人的使命。才干如同生长在我们内心深处的小花朵，如果不去发现它、培育它，给它以营养，它就会"饥饿"，就会营养不良。它会常常发出呼求，让你停下纷杂细碎的日常工作，倾听它的声音，倾听自己的内心。

我曾经认识一位美国硅谷的软件工程师，他喜欢古典诗词，爱听昆曲。在国内学的是文科，到美国留学获得本专业硕士学位后，却找不到对口的工作。迫于生计，转而申请了计算

机专业，毕业后成功转型成为软件工程师。解决了生计问题，购房买车，在北加州过上了令人羡慕的中产生活。然而，他自己却常常觉得人生有缺憾，觉得工作缺乏激情。渐渐人到中年，他当年的大学同学大部分已经成为本专业领域的中流砥柱，写专栏、出书，事业渐臻佳境。偶然回国相聚，叙述起来，彼此都是"围城"心境，国内同学们羡慕他在美国的蓝天与别墅，而他则在内心深处渴望能像他们一样告别编码，回到文字的世界。回到美国后，他决定行动起来。无法真正告别赖以谋生的编码，又要照料内心深处饥饿的文学"才干小花"，他成立了一个"读书小组"，把附近的几个文学爱好者召集到一起，每周聚会，分享读书心得，交流最近的个人诗词习作。这个小组很快吸引了更多成员，很多家庭还把孩子也送来参加，进行汉语熏陶。他自此突然对生活焕发出新的激情，对每一天的开始都充满了盼望。他也开始把一些感想和习作投寄给国内的中文期刊，偶有发表也令他非常开心。但他知道，他将无法像其他国内的同学那样著述丰厚，他也不再奢求如此。他重新为自己设定了新的人生规划，那就是把自己对文学的热爱转变成业余兴趣，更重要的是，要努力把中国文学的美感传递给下一代美籍华裔的孩子们。他认为后者是一项非常有意义而且值得为之贡献一生的真正的事业。我很开心，他终于很好地照顾了内在的饥饿才干，并在"理想自我"与"现实自我"之间找到了平衡。

我让他做了"优势识别器"，他的前五大才干分别是"成就、分析、追求、学习、专注"。回顾他的故事，虽然表面听

绽放你的职场优势

起来更像是某种特定才干（比如音乐、美术、文学、体育，这些特定才干不在盖洛普关于才干的研究中，因为无论怎样特定领域的才干，如果没有其他能直接与结果和效能挂钩的才干，比如成就、专注等的驱动，先天才干都将如同"伤仲永"一样有始无终），对他而言是文学才干没有得到满足，但实际上，他能够有所行动并最终在一定程度上找到"自我实现"感，则不仅仅是对文学的渴望。从才干的角度，我更怀疑是他的"追求"起了更大的推动作用。他能成功在美国找到工作步入中产阶层，是"成就"的驱动；能转了专业而快速入门，是"学习"和"专注"的贡献；而他最没有得到满足的、饥饿的才干是"追求"。他无法在计算机领域实现"追求"，因为坦白讲那不是他的优势领域。在他的故事中，他最后叙述的重点其实也不是他的文学作品能够发表，而是，他能够借此帮助下一代的孩子了解汉语言之美，使他们身在异乡而能"知己之所从来"，能认同中华文化。对自己在这一点的贡献上，他感到生命充满意义，生活充满激情。这其实就是对"追求"才干的极好诠释。"追求"才干就是要对他人、对社会做出自己的贡献，证明我曾经来过这个世界。拥有"追求"才干的人，不希望踏着前人的脚步重复工作，而是希望留下自己的印记。他们不希望如泰戈尔的诗中所描述的那样，"天空中没有翅膀的痕迹，而我已经飞过"，而是更希望世界是画布，他曾经在上面留下独特的一笔。他证实了我的假设并完全认同这样的分析，并表达了他对盖洛普才干理念的由衷佩服！

所以才干是我们最深层的内心召唤。如果对应马斯洛的需求层次理论，那么我们的饥饿才干处在需求层次的哪个部分呢？按照马斯洛的理论，饥饿才干应该处在最顶端的一层，即"自我实现"层级。但实际上饥饿才干一直存在，只是在这个层级，人们才有精力意识到自己未被满足的、未给予足够营养的才干。在马斯洛的需求层次理论中，最基本的需求是人的"生理需要"和"安全需要"，这属于人的生存需要、温饱需要。第二个层级的需求是"社会需要"和"尊重需要"，这是人对归属的需要，即要隶属于某种社会关系中，并能在自己从事的事情上取得成绩，获得社会的认可和尊重。第三个层级就是"自我实现的需要"，这个层级属于"成长"需求。这和罗杰斯的"自我实现倾向"的假设是一致的，即人会在实现生存需要后，追求对"天生我才"的使用。按照罗杰斯的理论，人最理想的状态是对前两个层级需要（生存需要和归属需要）的实现，而这一实现也是通过完全使用自己最优势的才干实现的，最终他自然就达成了"自我实现"。但现实世界中，人们受到实际条件的限制，或他人及社会期望的影响，而无法完全发挥自己的天生才干。因此，在努力完成归属需要后，人们内心深处尚未被完全发现和运用的才干就会召唤我们迈向更高层次的对自我实现和自我成长的探索。只有当我们对那些未被发现或未被充分发挥的潜在才干进行充分利用并给予足够"营养"时，我们才会获得真正的自我实现感。如果用罗杰斯的需求层次理论来表示，那么才干的体现即如图 3-1 所示。

**绽放你的
　　职场优势**

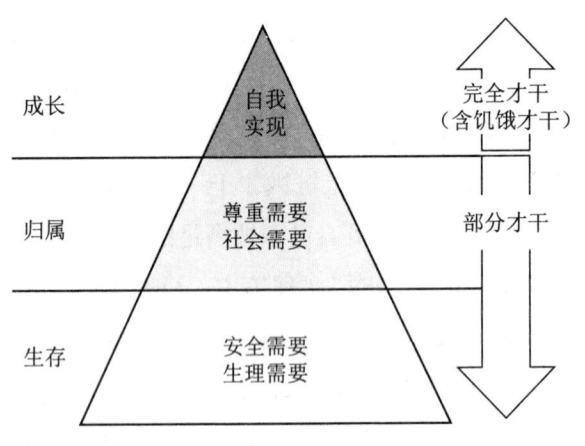

图 3-1　才干与马斯洛需求层次理论

本节才干内省启示

➢ 查问自己的内心，是否有未被满足的某种召唤？或者对照优势才干主题，看看哪个主题处在营养不良状态？

➢ 把这种未满足的召唤提升到意识层面，连接到早年对自己人生的设想，明晰你不满足的根本原因。

➢ 尝试思考怎样才能使这种召唤得到回应，你可以在职业上、家庭关系中怎样照顾到这种召唤，给它以营养？

二、"傲娇"与"抓狂"——才干的两面性

最令你觉得骄傲的才干是什么？你有什么才干可能会"令人抓狂"？这是两个非常有趣的优势辅导问题，前一个非常容易回答，人们很容易侃侃而谈自己对某一个或多个才干的喜爱，以及这个或这些才干给自己带来的成功。然而，后一个问

题，则常常引发人们的思索。

我要谈的是第二个问题。才干如同硬币，具有两面性。"完美"才干可以驱动一个人追求卓越，精益求精，打造出鲜明的个人品牌；同时，他也可能给人留下"吹毛求疵""永不知足"的印象。"前瞻"才干可以帮助一个人描绘未来的前景，并受这前景的诱惑而努力拼搏，但也可能让人觉得"不切实际"，是"白日梦想"；"和谐"才干会在不同意见中求同存异，带领团队快速向前，但也会让人觉得"没有原则""容易妥协"。总之，如果细数每个才干，都会看到这个才干自身的威力及其附带的不足，就如同白天与黑夜。我们爱白天的光明和温热，也不得不承受夜晚的黑暗与阴冷。

图 3-2 才干的两面性

举个例子，有位经理人，他的主导才干中包括"成就、完

绽放你的职场优势

美、追求、行动"四大才干。这是 4 个看起来绝对"炫酷"的才干！你甚至都可以想见这位经理人是一位多么意气风发、雄心勃勃的团队领袖，带领他的兵甲驰骋四方，所向无敌。然而，这位经理人却遭遇了团队的合力阻抗，困足难前。其原因是，团队认为自从新经理上任之后，不仅团队加班时间突然加倍，而且团队目标不够明确，常常朝令夕改，让团队成员应接不暇，他们一致认为这位经理欠缺领导智慧和技巧。通过优势辅导，经理逐渐认识到团队成员的种种感受和抱怨是有原因的，是与自己的主导才干相关联的。"成就"才干使他要求团队加班加点，取得成就；"完美和追求"才干又让他希望团队不仅能够完成，还要"卓越地"完成，并借此"卓越绩效"去打造团队品牌，获得领导和同仁的认可；而"行动"才干让他在未经充分思考之下就制订了行动计划，在执行过程中发现问题又不得不临时调整。这些原本看起来高大上的"炫酷"才干，给团队的感受却是负面的，简直是"令人发狂"的。

还有一个例子，也是有关才干的两面性导致团队分歧的例子。曾有一位新入职的创业公司副总跟我诉苦，说她和重要的工作伙伴——人事部长存在沟通障碍。她发现和人事部长交流工作想法时，都会在她欣欣然描绘目标蓝图后，遭到人事部长否定或不置可否的反应。她觉得简直不能忍受，怎么可以这么没有激情、没有想法呢？经过了解，发现其他部门领导也对该部长有同样的反馈，一致觉得他习惯性地对创新想法进行打压和否定，以显示其深思熟虑，这导致各部门的人事工作无法高效行动。分析人事部长的才干，会发现"审慎"主题赫然位列第一！再分析副总和其他业务部门负责人的才干，他们则共同拥有"前瞻""行动""成就""理念"等主题。如此一看，就不难明了人事部长和大家产生意见分歧的根本原因。同事们的"前瞻""行动""成就""理念"令他们在头脑中绘制未来蓝图，并希望快速执行而体验蓝图实现的成就感。但人事部长的"审慎"才干却让她不得不深思熟虑每一项人事工作可能存在的潜在风险。同事们的才干令他们认为"机会稍纵即逝"，而人事部长的才干则让他深信"周密的计划是成功的保障"。这些才干原本各具影响力，但同时，也都会令不具备这种才干的人无法理解，感觉"发狂"。人事部长无法理解为什么大家会如此"冒失"地作出重要的目标决策，大家也不能认同他如同"蜗牛"一般的决策速度。在未接受优势辅导之前，双方都缺乏对才干两面性的理解，也无法知道才干的两面性带给彼此的感受。

尽管很多团队间的分歧源于才干的两面性，然而，并不是每个人都能自觉意识到这一点。取而代之的是人们会错误地以为，某些才干是纯粹的好才干，而某些才干是不好的才干。当看到自己的才干主题报告时，如果是自己喜欢的才干排在前面，就欣欣然自喜；如果发现有自己不喜欢的或者貌似"不好"的才干位列前面，则心有戚戚焉。

殊不知每个才干都是双刃剑，既可以"制敌"，又可能"伤身"。对才干两面性的理解过程，也是了解自己以及"别人眼中的自己"的过程，如此才能更有效地运用自己的才干，并学习管理才干的消极面。在与他人合作的过程中，更多地从才干的特性出发去理解他人的言行，知道某些思考或行为方式是因为某个才干使然，从而更能包容不同的声音、不同的工作方式，并尽量从优势的视角，以欣赏的眼光去看待身边的人和事。

本节才干内省启示

➢ 了解才干的两面性，对才干能够一视同仁地看待。不以某才干喜，不以某才干忧。

➢ 用才干的视角去重新观察身边的人，他/她和我有哪些不同，这些不同是否折射出你和他/她具有不同的才干？

➢ 用优势的视角去管理自己和他人的关系，当看到他/她在发挥某才干时，给予积极的肯定和赞赏；当察觉到他/她的才干与自己的期望有冲突时，尝试思考这种冲突带来的意义，它是否在某种程度上对你有提醒或补充的作用？

三、"成也萧何，败也萧何"——才干的发挥需要"恰到好处"

当我们了解了自己的才干，是不是就可以尽情发挥自己的才干，或者说，是否可以无限制地使用我们的才干呢？非也！才干的运用也要"恰到好处"，不然，不但不会起到你期望的效果，相反，还会起到反作用。

有一位学员跟我们分享过他对主导才干的不当使用以及其带来的反作用。他是一位在影响力和思维力方面非常强的学员，前五大才干分别为："前瞻""行动""完美""学习""追求"，还有"沟通""统帅"等影响力才干排在前十。这些才干注定他是一位不能"安分守己""循规蹈矩"的人。他需要凸显自己的能力，获得他人的认可。所以，在大学期间，他就开始和同学一起创业，大学毕业后又两次创业。然而，所有这些创业均以"意气风发"开头，最后却以"虎头蛇尾"收场。他自己也非常困惑，不明白为什么策划好的、非常有前景的事业，总是难以真正落地，总是半途而废。直到他参加了我们的优势辅导课程，他才恍然大悟找到了失败的深层次原因。在他带领团队创业的过程中，他总是滔滔不绝地跟大家讲述该项事业的美好前景，当感觉大家似乎并不能产生同感时，就抱怨他们缺乏想象力。他常常对团队的行动力感到不满，每次开会基本都是一言堂，以老板自居，居高临下地布置任务。他认为自己的表现非常"帅"，对自己非常认可，感觉这就是自己想要的人生状态。非常可惜的是，他的这种状态总是不能维持太久，因为无法盈利，新创的公司总是很快无法支撑，不得不解散团队。

他曾经非常努力地总结失败的经验，总觉得无论从市场前景还是自己的专业性，都应该可以成功的事业，为什么就总以失败告终呢？也曾经有人委婉地提醒他的领导风格，但他从来没有认同过，他觉得自己是在发挥所长，因为这些都是他最擅长的。当一个人为了自己的畅快淋漓而无限制地"喂养"自己的才干时，他对才干带给他人的感受毫无认知。团队成员并不喜欢他那些以自我为中心的对未来蓝图的描绘，因为感觉不到这些和自己有什么关系；团队成员更不喜欢他的发号施令，因而也并不会对这个团队产生归属感，对从事的事业产生激情。

所以，他那时的失败是必然注定的。

图 3-3 过于追求完美，反而不再完美

这样的例子有很多，不能恰到好处地使用才干的结果就是该才干应有的正面作用没有发挥出来，是低效或无效的运用。比如，当拥有"纪律"才干的人执意要按照原定的计划推进一个项目，而无视因为财务削减和人员流失带来的经费和人手不足问题时，必然难以获得团队的理解和配合，而结果也很可能不尽如人意。当拥有"伯乐"才干的经理无限度地去给予那些低绩效员工机会，期待他们成长成为高绩效员工时，就可能在客观上已经拉低了团队的总体效能，并让高绩效员工失去对经理的信任。这些都是对才干的"惯性使用"所带来的后果。说才干的"惯性"使用，是因为弗洛伊德认为，我们人类都有"趋乐避苦"的本性，我们会因为使用某个才干容易自然而感受到快乐，就可能会陶醉其中习惯性地使用这个才干，忘记适度性；而控制这种陶醉感则被认为是痛苦的，需要毅力的，人们会从心理上想要逃避这样做。

"天生我才必有用"说的不仅仅是要我们发挥自己的才干，而更多地是我们的才干对社会意味着什么？我们的贡献点在哪里？我们是否把才干充分发挥出来为社会做出贡献？只有当一个人能够恰到好处地运用自己的才干时，才干才会发挥它应有的作用。比如，对"前瞻"的运用，是当团队缺乏对前景的想象时，当他们需要你的描述来激励他们时，你的"前瞻"才干就会起到非常好的效果；当你觉得团队成员的意见无法统一，而你的想法恰好可以弥补大家思路的漏洞时，你需要发挥"统帅"的才干，来快速总结大家的想法，并理出最佳行动方案。还有，当你看到团队纠结于一些细节而裹足不前，已经耽误项目的进程时，你应当让你的"行动"才干发挥它的作用，指明如果不快速行动的可能后果，并推动大家向目标前进。只有在这些时候，你的才干才会最被团队认可，并可达到最佳效果，促进团队的效能。

以上讲的是才干的惯性使用如何阻碍了团队的效能，下面这个则是关于才干的惯性使用耽误自己目标实现的一个案例。Emily在广州一家地产公司做人事工作，她的前五大才干都显示为关系建立维度，我想她应该在人际关系上如鱼得水，工作也一定非常顺利。不想她也有自己的烦恼，即总会因为要照顾身边人的情绪和需求，而耽误了自己原本设定的目标和期限。在我对她的优势辅导过程中，我们看到这些人际关系才干带给她的帮助，同时，她也意识到自己需要掌控满足这些才干需求的尺度，要"恰到好处"地运用它们，以照顾到自己的目标和成就需要。

我们常常担心弱势才干会阻碍我们，但实际上，真正让我们摔跤长教训的往往是我们的主导才干，而且往往是那些我们最为自得的主导才干。因为这些才干是我们很容易观察到的自身优势，这些优势曾经帮助我们取得一些成就，并获得他人的认可。然而，我们也因此会非常容易专注在这些才干上，陶醉于其中并习惯性地使用这些才干，忘记了"物极必反"的古训，所谓"成也萧何，败也萧何"。

当然，并不是所有对优势的卓越追求都会导致这样的后果，事实是，只有当一个人不能在发挥优势的同时管理某些关键的弱势才干时，这种境况才会发生。比如，当一个人的影响力才干足够强大，但人际关系才干偏弱，就可能出现无法与团队合作的情况；当一个人行动力足够强大，但思维能力不足时，就会出现朝令夕改的领导风格，或者会出现一些战略上的决策失误；当你的人际关系能力足够强大，但成就动机和专注度不够时，就会太顾及他人的感受而忘记自己的目标。所以，无论你有什么样的优势组合，最重要的是把握才干发挥的"度"，全面地照看自己的才干，尤其是那些排在最前面和最后面的才干，让你的优势尽情发挥，同时，也不要让弱势成为成功的绊脚石。

宇宙之间万事万物都有一个"度"的标准，这是亘古不变的哲学规律。这个"度"就衡量了一个人是否能全面地认知自我，从他人的角度重新审视自我。曾子的"吾日三省吾身"，"省"的就是自己的言行是否得当，是否有效。如果说才干的两面性告诉我们才干带给彼此的感受，那么才干恰到好处发挥则更多地启发我们，才干如何运用才会发挥其效能。我们要明白"成也萧何、败也萧何"的道理，不陶醉在自己的优势才干上，而是全面地审视自己，恰当有效地运用自己的才干。唯有如此，才干之美才能真正体现，才干之效才能真正实现。

本节才干内省启示

➢ 结合自己的才干报告内省：自己在运用才干时是否都"审时度势"？自己对哪个或哪个维度的才干的运用可能会过于陶醉？

➢ 回想身边合作的同事或家人对自己的抱怨，思考这些抱怨是否和没有适度的运用才干有关？

➢ 如果有这种情况，思考怎样才能更好地让才干发挥作用，既能达成自己的目标，又让大家觉得舒服。

四、"我思，故世界在"——才干是你看世界的有色眼镜

法国哲学家笛卡尔说：我思，故我在（I think, theretore I am）。原意是我通过知道我在思考从而确信我的存在。这是作为怀疑论者的哲学大师唯一不怀疑的事实，也是笛卡尔哲学的基本原理。这句话后来被引申为唯心主义的认识论，即我的世界是我所认为的世界。世人似乎更为喜欢这种引申，因为它的确反映了一大部分现实。在才干的世界里，这句哲学名言也恰

好非常适用。事实证明,我们大部分人都是通过自己的才干在过滤身边的人和事,我们都是戴着才干的有色眼镜看世界的。

图 3-4 才干是你看世界的有色眼镜

我曾经辅导过一位私企老板,他跟我反映的一个问题是,他特别不理解为什么他很倚重的一位员工总是下班就往家跑,而不把心思放在工作上。这是他半年前招聘的一位资深员工,他对这位员工寄予很高的期望,然而,他发现这位员工似乎没有展示出他所期望的成就欲望,没有加班加点地努力表现,令他十分头疼。这位老板本人非常优秀,他的主导才干聚集在执行力和影响力维度里,"成就""行动""完美"都排在前面。他自身非常干练有魄力。我让他稍微详细一点地描述他对这位员工的期望,他说他期望这位员工能像他自己一样,工作第一,家庭第二,新到公司应该努力加班加点,争取尽快有成绩，尽快证明自己的价值。我继而又问他，公司里他比较认同的员工都有哪些特点？他的回答基本与对刚才这位员工的期望是一致的。我又继续启发他：是不是他对所有的员工都有类似的期望，或者说，他是不是更倾向于认同那些和自己比较相像的员工呢？他稍微思索了一下，之后确认了这个事实。那么对和自己不太相似的员工，以不同方式工作的员工，他是否也了解过他们有什么才干呢？他则说，好像并没有特别花时间和精力去了解过他们，他对那些成就欲望强的员工更感兴趣，而对那些成就欲望不强的员工，就不太喜欢跟他们讲话。也就是说，他把公司的员工人为地划分成两类：一类是和他本人风格类似的员工，这些员工是他认同的；另一类是和他不相像的员工，这些是他不认同的。

关于那位让他头疼的员工，我问他有否去了解过这位员工为什么下班就要回家呢？家里有什么事情需要他处理吗？他告诉我说，这位员工的老婆最近生了二胎，但他认为这不足以成为回家的理由，男人应该以事业为重，家庭的事再大也是小事，事业的事再小也是大事。他还举例说，这些年来自己从来不管家里的事，都是老婆和岳父母在打理。听他讲到这里时，我觉得他真的可以被称为是典型的戴着自己的才干眼镜看员工的老板了！

戴着这样的眼镜，让他更容易去发现那些和自己一样的人，从而也更容易打造一支"铁军"，在短时间内取得骄人的成绩。然而，并不是每个人都由成就欲望驱动的。比如，像这位老板提到的头疼员工，他的标志才干可能是"责任"或"信仰",驱动他的动力在于对自己身边的人和事负责,照顾好每一个人,否则他会觉得很愧疚。因此,在老婆生孩子的这个特殊时期,他需要对家庭有所付出。

　　帮助这位老板明白每个人都有不同的才干,因而会有不同的做事风格后。我询问他,这位员工除了没有加班加点外,有没有工作上失误的事情?他说那并没有,只是觉得有些小项目事情琐碎,担心他并没有付出足够的精力在上面,因为其他年轻的员工都在加班加点。那么,我又问他,对于这样一个资深的员工,你期望他的工作重点应该是什么呢?他说,其实招聘他来的目的是让他主管公司的大客户,以他的稳重和资历与大客户建立长远的合作关系。既然如此,那么有没有可能让他近期只负责大客户,而把小客户的琐碎事宜交给其他有时间加班的年轻员工呢?这样他可以工作有重点,同时又有精力去照顾家庭呢?他觉得这是一个不错的建议。后来他果然去和这位员工谈了心,并按照我们的建议重新安排了这位员工的工作。这位员工非常感谢老板对他的理解,保证会把大客户照顾好,他也果然做得非常好。由于他是一位非常重感情而有责任心的员工,他后来一直对工作兢兢业业,成为这位老板非常信赖和倚重的员工。

　　这位老板经由这件事也对自己有了更深刻的认识,并开始打开自己的认知世界,努力放下自己的才干眼镜,尝试理解与自己不同的员工,了解他们的工作方式、驱动力以及需求。他发现原来每个员工都非常值得去了解和发现,员工也反映说老板变了。

这位老板只是一个典型的例子。事实上，我们每个人都和这位老板一样，是通过我们的才干去看世界的，所谓"人以类聚，物以群分"。拥有"交往"才干的人倾向于对其他"交往"类的人敞开心扉，而对"取悦"类的人则更倾向于敬而远之。"前瞻"的人如果遇上另一个"前瞻"，会就公司的前景蓝图彻夜相谈、不觉疲倦。"追求"的人则会对自己所从事事情的意义执着追求，坚信任何事都应该是价值导向的，输赢得失与事件的价值相比，都不值得计较；他们更重视自己是否为这个世界留下了什么，而不是从世界获取了什么；相较于升职加薪，他们更看重的是来自公司高层的一次公开奖励或表扬。可以说，我们看到的世界、经营的世界以及认可的世界，都受到我们自身才干的影响。才干就是一副有色眼镜，我们是戴着这样的眼镜在看世界，在过滤世界，世界就是我们通过才干过滤后的世界，所谓"我思，故世界在"。

本节才干内省启示

➢ 闭上眼睛，思考自己戴了怎样的才干眼镜？如果想不清楚，打开优势主题报告，看看自己的前五大才干，再看看前十才干集中在哪个领导力维度，那通常就是你的才干眼镜的聚焦点。

➢ 尝试去看看自己排名靠后的才干，并联系身边的同事或熟人，看看他们身上是否可能有这些才干？问问自己，你愿意去了解他们的才干吗？

➢ 以优势的视角，打开自己，尝试去了解和接纳不同的人，并思考如何更好地让这些不同的才干与自己的才干搭配？

五、"心有千千结"——才干的"被压抑性"

你是否曾被一个人突然显露出来的才干震惊到？你是否曾因为发现某个人隐藏的能力而窃喜？你又是否曾被引为知己或者伯乐呢？如果答案是 Yes，说明你可能发现了某些人"被压抑"的才干。

什么是"被压抑"的才干？就是那些你知道你拥有，却不愿意显露给他人知道的才干。才干为什么会被压抑呢？是因为这些才干曾经带给你创伤的经历，或者因为我们不当地使用这些才干。

有一位经理人朋友跟我分享过他对自己才干的压抑。他曾经多次创业但多次失败，这对他打击非常大，使他觉得自己在事业之初的"运筹帷幄"和"雄心壮志"简直可笑，徒然给人留下谈资。他决定以后无论是自己创业还是去做职业经理人，都要隐藏起自己在影响力方面的才干，混迹于人群中，默默地做出贡献，等待上司发现他这颗"珍珠"。他果真这么实践了，也获得了成功。在新公司做经理人短短一年的时间，就取得卓越的成绩。他的领导和同事们都对他刮目相看，没想到平日不声不响、以为他是个没有大追求的人，竟会如此出色。只有他自己知道，对影响力的追求仍是那个原动力，只不过，这次，他压抑了它们，不放它们出来招摇了，因为他担心使用不当会带来的负面效果。

他坦言自己对这种自我约束感到成就感，但同时，他也觉得有些压抑。如果条件允许，他更愿意被无条件地欣赏和鼓励，让他尽情地"意气风发"，那才是真实的他。压抑才干和自我约束是不同的。自我约束是在了解才干的原始性与成熟性的基础上，对才干运用的尺度和时机的合理把握，是一种健康的积极的管理。而压抑才干是为了刻意回避才干曾经带来的痛苦而不得不做出的一种选择，伴随的不是适当的约束，而是过度的打压，令才干受到委屈，不能抬头，是不健康的。

这种压抑非常类似于心理学上的"情结"。"情结"是分析心理学大师荣格发现的一种心理情感，指的是一种受意识压抑而持续在无意识中活动的、以本能冲动为核心的欲望。心理学的"情结"往往是个体被迫压抑的、无法实现的、却令人痛苦的愿望。情结后来被引申为对某种东西的痴迷，比如某些男士的"长发情结"、女士的"名牌情结"等。被压抑的才干非常类似于心理学上的"情结"，也是一种本能的愿望，却因为曾经创伤的经历而不得不掩藏压抑起来。但比情结要积极的是，我们可以适当地控制和调用这些被压抑的才干，纵使对它们"心有千千结"，却能够在时机成熟的时候，让它们见到阳光。

尽管压抑才干是不健康的，但它是有意义的。压抑才干对个体来讲具有保护作用。弗洛伊德的防御理论认为，人们有时会为了掩饰自己的真实想法，而故意表现出与真实想法相反的言行举止。比如，如果我们明明非常嫉妒某人，内心排斥她，但表面上却会故意与她表现得非常亲近。《红楼梦》中，黛玉、宝钗其实互相嫉妒排斥，但在人前却又都故意与对方亲近，就是一种防御机制，以掩饰自己内心的真实想法。压抑的才干在自我保护层面的意义与弗洛伊德的理论是一致的。因此，尽管这种压抑是一种自发的自我约束，但从一定程度上，它保护了个体的内心,并为更为成熟地使用自己的才干提供了练习的机会。

图 3-5　压抑才干对个体具有保护作用

但长久地压抑某个或某类才干也会令人感到某种程度的自我丢失。因此,通过优势报告了解这些被压抑的才干,获得更好的自我认知,并努力管理好自己的才干,在"压抑"与"释放"之间找到平衡,才能最终接纳和欣赏自己的才干。

本节才干内省启示

➢ 你有被压抑的才干吗?是哪个或哪类才干?

➢ 压抑这些才干给你带来怎样的安全感?在内心深处感谢一下这些才干。

➢ 你希望继续压抑它们吗?有一个可以释放这些才干的渠道吗?大约什么时候可以释放它们?拥抱一下自己,告诉自己辛苦了,要压抑这么多才干。继续努力加油,你会很快拥抱更为平衡的自己的!

第四章
优势完美发挥的样子是怎样的

盖洛普才干主题就像一套新的语言体系，来揭示你最具代表性的个性特征、天赋才干。那么，了解了这些才干主题之后，你可能会禁不住好奇：这一套新的语言是如何运用在日常工作和生活中的呢？拥有某个才干或某类才干会有哪些表现？在本章中，我将会带领大家来见证才干转化成优势后的美好，表现在它们对个人的影响、对团队的影响，以及通过名人案例阐释来见证它们对社会带来的影响。为方便阐述，我将以领导力的4个维度为单元分别进行论述。本章中所有引用案例（名人分析部分除外）均出自我的优势辅导笔记，并在引用时征得了客户的同意，在此，衷心感谢他们的友情出场！

前文提到，盖洛普把34项才干主题归纳到了领导力的4个维度里，即执行力领域、影响力领域、关系建立领域、战略思维领域。这些才干主题在某一领域的归属并不是随意指定的，而是通过科学的因素分析方法，精确计算每一才干与各个领域的相关系数之后，才最终确定的。事实上，每一个才干与各个领域都有一定程度的相关，但会被归属到与其相关系数最高的的那个领域里。比如，"沟通"才干，与执行力、关系建立和战略思维领域均相关，但它与影响力领域相关系数高于其

绽放你的职场优势

他3个领域，那么就会被归入影响力领域。而且，从概念意义上来讲，沟通也的确会增强一个人的影响力，相较于其对执行力、关系建立以及战略思维的影响会更大一些。反过来讲，这也是为什么才干可以跨领域发挥功能的根本原因。所谓跨领域发挥功能，是指某个领域的才干也可以发挥其他领域的功能，比如"沟通"可以发挥关系建立的功能，因为的确可以通过良好的沟通来强化人与人之间的关系。同理，其他才干也都具有类似的功能。

当我们把才干聚合在某一个领导力维度下来观察时，会发现它们所展现出的集中的美！一个人在某一领导力维度中的才干发挥到极致时，这个人的魅力以及他所赋予这些才干的魅力，就如同经年的美酒，亦如同盛夏的花朵，让身边的人强烈地感受到才干转化成优势后所散发出的香醇与美丽。

一、执行力优势之美

执行力才干突出的人都是实干家，也是这个世界上最美丽的人。可以说，没有他们，就没有一切！

"成就""责任""纪律""审慎""统筹""专注""公平""信仰""排难"等，都属于执行力的才干。执行力才干突出的人是让想法落地，变成现实的人。

执行力才干中，"成就"是驱动一个人做事的主因，因为它会让人永不满足而不断发起新的任务；"责任"则让任务从心底里被认为是必须完成的，否则会带来内疚感；"纪律"会引导一个人为任务制定计划;"审慎"会帮助考察计划的周密性;"统筹"则负责调配资源;"专注"则保证计划被从始至终的执行,且能够分清重点主次;"公平"会为任务设立框架和规则,也会在执行过程中一视同仁地要求所有人遵守这些规则;"信仰"则确保了做事的底线;"排难"会在出现问题时寻根探源,排忧解难,确保结果的最终达成。

(一)执行力优势有哪些表现

执行就意味着要交付,执行力突出的人总是让人信赖,因为他们总能按时交付期望的结果。Tina是某咨询公司咨询顾问,拥有9年外企工作经验。执行对她来说就是:

> 因为我们做咨询嘛,有很多项目要做交付,从交付的角度来讲,我的4个执行力才干"成就""责任""统筹"和"排难"都是非常重要的。首先,单从结果来看的话需要顺利完成;其次,要为客户负责,不能说说敷衍了事。另外,大项目千头万绪,我们要统筹做好这个事情,也要攻克一些难点和困难,这些都很重要的。我很庆幸有这些执行力的才干,保证我成为一名值得信赖的优秀员工。

我读博士期间的同学,现在任职美国某著名大学的王老师认为她的执行力体现在能够专注的、执着的实现某个愿望:

> 我们做老师都有科研压力,每年要发表一到两篇论文,写论文需要特别专注,而且现在文章很难发表。我的办法就是要咬紧牙关,硬着头皮去写,去坚持,不断修改,一定要发表为止。需要特别执着,没有这个劲儿真不行。

在国内某高校任教的朋友赵老师是一名基督徒,她花了很多时间来跟学生谈心,关心他们的成长,我问她为什么能坚持这件事,她说:

> 我的信仰让我觉得做这件事比做任何其他的关系我个人发展和荣誉的事更有价值、更重要。可能其他人会把更多时间用来写论文、晋升职称,但对我来说,服侍我身边的人,给他们爱是更重要的。我经常会邀请同学们到我家吃饭,给他们做很多好吃的。我也每周有很多时间分配到公益活动,我坚持很多年下来,感觉每天的生活都很充实。

(二)执行力优势突出的人如何带团队

Amanda是某地产公司的行政经理,她在执行力领域有5个才干。她曾经跟我探讨过自己的职业发展路径,她是这样形容执行力对她的影响的:

> 行政工作其实很琐碎,很多公司员工都不愿意碰行政工作,尤其是行政如果和人事放在一个部门的话,那大家都去抢人事的工作,不愿意领行政的任务。我们开始也是和人事在一起,但我对行政工作没有抵触,虽然那么多琐碎的事,我都应付得很好。现在想来,可能和我的"统筹"能力、"责任"心、"专注"度以及"审慎"小心有关。
>
> 一路走来,我觉得是我把这块工作做活了,也是我让领导把这块工作独立出来。其实很多人都挺佩服我的,觉得那么多事我都能处理得很妥帖,简直太厉害了。以前我还不知道为什么,现在看自己的优势报告,我就明白了。

我真的是把我的优势都用得很好。

现在我的团队也比较大了,因为公司人数很多,分公司也很多,所以我们团队的人越来越多。我经常对他们说,事无大小,每件都要做好。行政的事说很小就很小,说很大就很大。一个小事没做好,影响会很大。我要求大家必须要踏实、细心、负责任。古人说"一屋不扫,何以扫天下?"的确是这样,琐碎的小事能做好,你的职业精神就体现出来,交给你做大的事你也能让人放心了。我个人也会以身作则,示范给他们,这件事你看我是如何处理的。我是从一线一步步做上来的,我了解每个人的工作内容,每块业务我都有一套独特的方法,我都会无私地分享给他们,希望他们按照我的方法,或者参照我的方法,也把他们那一块的业务做精。

你做好了,机会自然就会降临到你的头上。就像刚才跟你探讨的,我们老板也在找我,想给我更大的任务,我也在考虑中,一个方向是我完全转到战略部门去,另一个方向是我还是兼管行政这块,再加上人事。我之前觉得战略可能未来前景更好,但现在我看了自己的优势,我在思维领域的才干都不靠前,这个方向不是我的优势,我觉得还是应该在行政和人事这边,更能发挥我的优势。

从 Amanda 的描述可以看得出,执行力才干突出的经理人自身会有非常好的落地工作的能力,而且他们会以身作则地去为下属做出 role model。他们会具体指点团队如何做到最好,怎样才是最佳的实践。

虽然 Amanda 觉得自己思维才干偏后，但其实我们看到她的思路非常清晰，她是通过实践来总结和思考的。针对她最熟悉的业务，她的思考一定也是最成熟而无人能及的。

（三）执行力优势的名人故事

网上流传着马云的金句："没有执行力，就没有竞争力。"他又说："速度第一，完美第二；行动第一，想法第二；结果第一，过程第二。"

这些话的真伪我没有考证过，但我认为即便不是原话，也是员工根据他的原话进行的总结。阿里巴巴从最初在马云家召开的十八罗汉会议，到后来一步一步成为独步江湖的电商霸主，执行力是成功的关键。

王石在总结万科的经验时，认为万科是在"试错中成功"的，是一步一步在错误中成长起来的。业内有人士总结王石对万科的最大贡献，就是为万科制定了一整套制度，并培养了万科人的规则意识和相应的企业文化。这是王石在离开后万科仍有可能基业长青的基本保证。

王石在执行力上的另一个表现是一件事情不做到极端、彻底，他不会收手。例如在放手万科给新任 CEO，自己只挂个董事长名号的最初时日里，王石根本不能真正做到放手，在他的自传里，他也描述了自己如何在第一次总经理会议室外来回踱步，如坐针毡，并在总经理来汇报时如何大展雄风对其直接批评和指导。后来王石很快意识到这个问题，为了切实有效地与管理层疏离，他开始"不务正业"：爬珠峰、走大漠，到美国去做访问学者。如此，在时间和空间上，王石彻底远离万科的管理经营，给了万科的接班人和团队绝对的自主权。

从王石的案例中，我们可以领略到执行力做到极致时的魅力。在日常生活中，我们经常能够被卓越的执行力打动，比如：将质量做到极致的日本手表、日系车；将服务做到极致的"海底捞"；将功能做到极致的"微信"；等等。这些极致的背后，都是执行力突出的团队日复一日的强有力执行所带来的成果。

麦肯锡前合伙人，作家冯唐最近新出了一本书叫做《成事》，书里用麦肯锡的方法论来解读曾国藩，其中他讲到成事的不二法门，那就是"大处着眼，小处下手"。"大处着眼"需要掌控全局，整体规划，还要时刻看到身外之局，整个大产业的走向、社会的动向，要有战略性思维能力。而"小处下手"，则要俯下身段，埋头苦干。冯唐认为，"小处下手"掌握之后，再练抬头看路，这时才能看得更清晰。而且，就算看不好，有这身干事的硬功夫护身，也还是一个能成事的人。可见，成事的基础就是执行！

可以说，执行力才干突出的人都是实干家，也是这个世界上最美丽的人。可以说，没有他们，就没有一切！

二、影响力优势之美

很多人羡慕拥有影响力才干的人，希望自己也有这样的优势。可以说，影响力才干是最多人羡慕的才干。因为影响力才干突出的人非常有魅力，他们有时视荣誉为生命，为达成完美结果不懈追求。他们的人生也许屡有挫折，但会永远奋斗不息。

绽放你的
职场优势

盖洛普将以下八大才干归结到影响力维度里:"统率""行动""取悦""自信""完美""竞争""追求""沟通"。具有影响力优势的人善于掌控局势,乐于发表观点并领导他人。

影响力领域里的每一个才干都通过自己的方式去发挥影响。"统率"会坦白讲出自己的想法;"行动"则快速落实一个计划;"取悦"负责争取和团结需要合作的伙伴;"自信"帮助获得可信赖感,赢取粉丝;"完美"让结果无可挑剔,倍获称赞;"竞争"则驱动卓越表现,让人刮目相看;"追求"使生命获得意义感,对真诚使命的追求值得所有鲜花和掌声,"沟通"让每一次表达成为完美的表演,成功赢得听众的心。

(一)影响力优势有哪些表现

影响力才干是非常容易识别的才干。一群人里你会很快识别出那些影响力较强的人,因为影响力才干真的是最外显的才干!受到才干的驱动,他们希望得到外界的认可并为此持续地努力。他们也通过自己的努力和外界的认可来影响与带动身边的人,他们是人群中最显眼的那些人!

> 对我来说,如果不能在工作中突出,我就会觉得特别不踏实。我负责培训工作,我最享受的是通过我引入的培训课程给公司同事带来了很大影响,看着大家因这些培训而发生的变化,我就觉得自己特别有成就感。我特别享受站在台前给大家讲课的感觉,那个时候我就是在改变大家,我觉得我的存在是有意义的。

任职一家地产公司培训部门经理的 Emily 如是说。同样,当她遇到对培训不重视的领导时,则感觉自己如鱼缺水一样,

第四章 优势完美发挥的样子是怎样的

难以呼吸。

> 我之前在一家公司,老板特别不重视培训,认为不过是锦上添花而已,一年下来我没有办成几次培训,自己在公司的作用在哪里呢,我一点存在感都找不到。

影响力才干主题突出的人希望能够领导他人,他们善于当众表达自己的见解,并努力说服他人听从自己的意见。任职咨询公司的 Mike 说:

> 开会时我常常会有这样的体验,那就是我要按压住自己想要表达的愿望,因为我实在觉得别人的分析根本没在点子上,或者他们的想法我不敢苟同。但为了不那么凸显自己,我总是要先耐着性子听一会,然后再表达自己的看法。当然,通常我的看法都是最高明的见解,基本上大家就是顺着我的思路再补充一点而已,大方向就定了。

影响力才干主题突出的人具有很强的号召力。上海滩培训圈里有位著名的培训师梅霖,人称"梅大师",亦自称"梅大师"。透露个小故事,在见到梅大师之前,我和同事还小有讨论,心中还有些小忐忑,听说此人自视甚高,上课时要给予额外关注。不过,在我们接触梅大师后,这种担心就全然消失了,因为他真的不仅自信有范儿,而且还非常好相处。虽则刚认识,就觉得叫他"梅大师"是名副其实,非常自然,毫无违和感。梅大师也是盖洛普认证的优势教练。记得上课时在讲到影响力才干对他的意义时,他就讲到影响力才干让他需要经常被鲜花和掌声包围。他选择做培训师,也是因为在讲台上他就是最闪闪发光的那个人,所有人都注视着他,掌声都送给他。

他觉得非常有存在感。

梅大师在 2014 年移民美国。在移民之前培训圈的诸多好友纷纷约请他吃饭，顺便咨询移民事宜。他觉得这么多朋友，一个月也吃不完，干脆举办了一场聚会，把三四十个朋友聚在一起，又给聚会取了个名字——"梅大师年度汇演"！从这名字亦可见梅大师的自信呀！那次聚会大家都觉得非常好，此后，梅大师干脆将这个聚会延续下来，每年举办一次。有很长一段时间，梅大师的头像名字都是"我们都爱梅大师"。又可见他的自信与自恋呀。

现在，梅大师定居加州，头像名字改成"梅霖大师在云端"，我理解大约是因为要频繁在中美之间飞行回国上课的原因。梅大师的课讲得极好，应邀极多，各大外企、民企争相邀请。除了做空中飞人应邀回国培训外，他还经常撰写他女儿在美国上幼儿园和小学的一些小故事，反映中美教育差异。有趣的是他给女儿命名"梅小师"，既有做父亲的骄傲，又有对女儿的希冀。那些故事写得很生动，我们都是他的忠实读者，梅大师又借此扩大了自己的影响力。在写本书时，我微信问候了远在美国陪女儿过春假的梅大师，请他再谈谈影响力才干对他的意义，他又提到了那次聚会：

影响力在我身上的体现，最具代表的应该是我每年年根搞的"梅大师年度汇演"，从 2014 年开始，已经做了好几年。每年都会有几十个人聚在一起，今年差不多来了 60 多人。我们还找了赞助商赞助了一个场地。其实很神奇，在临近年根的时候，大家都很忙，但也都来了。说明梅霖的召集力还不错!

还有一件事,今年我突发奇想,想召集20多个培训师,让每人做3分钟演讲。那天来了100多位听众,结果我们临时起意说我们卖个门票吧,59元一张,结果现场卖了100多张,又卖了100多张网上围观票。真的很神奇,因为这些来的讲师都是圈内比较知名的讲师,出场费至少也要半天1万元,在那么忙的时间愿意花时间响应我的号召,真的很意外。还有,来参加的人当时也不知道我们要讲什么,也不知道我们会临时起意收门票,但大家都购买了,真的很神奇!

(二) 影响力优势突出的人如何带团队

影响力才干主题突出的人同样会以自己的风格去影响团队。他们"以己度人",希望团队也和自己一样追求卓越、追求认可。他们如果"竞争",则希望团队也是常胜将军;他们如果"完美",则希望团队也完美无瑕;他们如果"统率",则希望团队也敢说敢做。总之,他们会聚集其他同样有影响力的人,并试图改造那些影响力不足的人。

我个人在影响力领域有5个才干,我自己是非常看重事业的。所以我希望我的团队也要有事业心,不要把家庭看得太重。大部分时间都应该放在工作上,在工作上做出成绩,得到认可。我特别不能理解那些一下班就往家跑的员工,不能理解为什么他们没有那么强的事业心呢。你做得好了,出人头地了,你的工资也就上来了,你的职位也就提升了,这样你对家庭不是也有贡献嘛,为什么陪伴家人才算是贡献呢？我就是只要一工作就全心扑在上面，根本不回家。公司领导都知道，我在公司得到了最大的认可，还被评为"感动公司十大人物"之一。这对我来说是最大的荣耀。

任职地产公司客户关系管理部门总经理的欧先生这样阐释影响力才干对自己和团队的影响。

我现在就要求我的下属都要先建功立业，先把自己的业务做到最好，我们部门也要在所有部门中表现最好。你表现好了，得到认可了，其他什么事都好办；表现不好，什么都不要提，别说公司不允许，首先我就不允许。所以，我到哪儿，哪个部门都是公司表现最牛的部门，这是必须的。

说不累是假的，我们整个团队都得脱一层皮，但是值得。我们团队的人，跟我一年二年的，就很容易被别的公司挖走。为什么呢，因为他被我培养出来了，可以独当一面，而且他知道怎么做可以做得最好。所以说，有人给我取个外号，叫"校长"，说是我培养了很多人才。哈哈，我也觉得挺自豪的！

（三）影响力优势的名人故事

新东方董事长俞敏洪是我们熟悉的人，他曾在很多 GRE 和 TOEFL 班上给大家讲他的故事。他口若悬河、滔滔不绝，带有地方口音的普通话以及飞快的语速，留给同学们非常深刻的印象。这就是他的影响力。誓要考入北大而复读三年高中，为出国而多次备考 GRE，新东方有所发展时到北美邀请老同学加盟，无不显示出他对自己不断的要求，以及期望自己能够超越自己、超越他人的潜在追求。

盖洛普的前董事长唐·克利夫顿先生，也即优势识别器的创始人，终其一生都在研究人的优势，以及如何测量这些优势。他在2003年去世之前曾说，希望10年后能有100万人通过优势识别器了解自己的优势。不曾想10年后，已经有1 000万的测评者使用了优势识别器这个才干测评工具。克利夫顿老先生的影响力也是非常突出的，正是因为这样的影响力才干，才让他对开发这样一套工具情有独钟，并殷切期盼这套工具能够惠及更多人。

在我的优势辅导经验中，很多人羡慕拥有影响力才干的人，希望自己也有这样的优势。可以说，影响力才干是最多人羡慕拥有的才干。因为影响力才干突出的人真的是非常有魅力的人。他们向人们传达信息、分享观点的时候，或慷慨激昂显领袖风采，或沉着冷静具大将气度。面对争议问题时，他们敢于指点江山、直抒胸臆，也敢于统率全局、承担风险。他们有时视荣誉为生命，为达成完美结果不懈追求。他们的人生也许屡有挫折，但会永远奋斗不息。

三、关系建立优势之美

> 关系建立才干突出的人是我们身边的润滑剂。有了他们，我们的生活更有爱、更有乐趣，我们的人生也更有意义。

关系建立领域的才干主题包括："适应""关联""积极""体谅""个别""伯乐""包容""和谐""交往"等。关系建立才干突出的人擅长与人建立紧密的关系，增加团队凝聚力。

关系建立领域的每一个才干都以自己独特的方式贡献力量。"适应"让人能够快速适应新环境，快速接纳和适应新的人际关系；"关联"则为积极的适应提供了哲学基础，相信世上所有人都以某种方式相互关联并具有悲天悯人的情怀；"积极"是从情绪上对人的体验，永远能够看到人际关系中积极向上的那一面；"体谅"则是心理层面上对他人感受的一种同理体验；"个别"令人可以个性化地去捕捉他人的喜好；"伯乐"帮助识别每个人的独特优势并乐于提携鼓励他人的成长；"包容"让每个人都被关注到；"和谐"则避免因意见相左而停滞不前；"交往"帮助与喜欢的人建立深厚的友谊。

（一）关系建立优势有哪些表现

Andrea是一家外企的销售，她这样评价人际关系给她的帮助：

> 我的交往才干排第一个，如果我跟同事和客户建立一种比较深入的关系的话，很多事情就会比较简单，大家都比较敞开心扉，并不是纯工作关系。大家都比较能打开心扉，很多事情我们都会和他们进行深入的沟通和交流，没有太多的隐藏，比较互相有信任。"积极"的话，像我们经常会遇到一些不愉快的事，客户反馈不好的意见，如果没有积极的心态，很多事情不好开展。"伯乐"嘛，像我的团队要管理几十个人，如果没有发现他们的潜力和优势能力的话，就很难发挥这个团队的力量，这个是必须的。个性是这样，尽量让大家和谐一点，营造一种比较轻松的

第四章 优势完美发挥的样子是怎样的

氛围,如果大家关系都比较很紧张,这个不是我希望看到的。

我的一个同事 Maggie,是我的亲密合作伙伴,她永远都是那么有耐心,积极适应我和客户的时间,有时一个客户的优势辅导要反复重新安排几次,她都不厌其烦。她觉得这主要是出于"责任"才干的驱动,但根据我的经验,如果单纯是"责任"的驱动,可能不会有她那么心平气和的情绪反应,我觉得她的"积极"也起到特别大的作用,让她永远都能在一件未预期的事情发生时,看到积极的一面,并产生任何事都能最终解决的无限希望,而这种希望得以让她永远保持乐观和平静。她也跟我分享了"积极"如何助力她和好朋友的关系:

> 我自己最明显的感受是,很多积极主题比较靠前的人不大愿意和一些负能量多的人在一起。但我刚好有个闺蜜,10多年的友情,她刚好是一个经常负能量的人,什么事情总是想它不好的一面。她每次找我的时候,跟我说一些不好的地方,我还是能比较容易发现她身上的闪光点,找到她在这件事情上的一些优势在哪,怎么样能快速解决问题。她也会觉得我给的建议比较有用,每次听我说完她觉得很有道理,都愿意去尝试,效果也都不错。所以她一遇到什么事情,第一时间会想来找我,虽然她在国外,还有时差。不知道是不是因为我有伯乐,结合着积极,才有这样的效应。没有因为她每次遇到问题带着负能量来找我而反感。

我的另一个同事 Kelly,拥有"个别""积极"以及"取悦"

的才干。虽然"取悦"被归属在影响力领域里,但它也是一个非常强的关系建立才干。Kelly一加入公司就很快与大家熟络起来,大家很快就发现她就是一颗"开心果",无论你有什么忧烦,看到她的当下都可以释然。她永远那么激情四射,永远那么开心满足。每天早上她来到办公室,一路"早"地和每个人打招呼,这些招呼绝对为你普通的早晨增加许多能量;每天晚上她下班的时候,又会一路"Byebye"而去,这些"Byebye"也绝对个个音量高亢,情绪饱满,让你突然失落于她的离开,感觉她的能量火车驶出了办公室,驶向了某个未知而令人艳羡的地方。

  Kelly有一群和她一样高能的朋友,他们有一阵时间经常举办派对,并淘尽上海滩一切好吃好玩的地方。有一次,我也享受了这种殊荣,蒙她带我去了一家神秘的餐厅。那餐厅进去的路极窄小,两边凤尾森森,一番曲径通幽后,才入了饭店的门,里面原来阔大有韵味。她特别选了楼上开阔的室外,环境优雅,美食与美景,更令我们觉得自己就是"美女"啦,极大地满足我们的自恋心理。还记得饭后她带我去洗手间,故意让我走在前面去开那门的把手,却拧不动,原来那把手根本无用,只需轻推,那门自开,她示范后我们都哈哈大笑,顿觉趣味无穷。我平时忙于工作和孩子,很少有机会来探索这些有趣的地方,她用自己的"个别"带给我一次难忘的体验。

  (二)关系建立优势突出的人如何带团队

  关系建立才干突出的人特别具有凝聚力。潘姐是一家家具公司的老板,她的前5个才干全部落在关系建立领域。她的才干与她这个人完全融合,使你一看到她,听到她的声音,就完

第四章 优势完美发挥的样子是怎样的

全能听到、感觉到她的才干。她长得美且温柔、谦逊且包容，总是让人如沐春风。她的周身似有迷人的磁场一样，吸引你靠近。问到这些才干对她的影响时，她这样说：

这些才干能帮助我和个人与团队有一个更好地连接，通过我的亲和力能更好地凝聚大家，让大家彼此信任，有更好的合作动力。我个人觉得我在同理心方面做得比较好，能更多地站在对方的角度去思考对方的需求，以及对方语言行为背后真正想表达的是什么。因而我跟大家的关系不仅仅局限于表面上的你好我好大家好，而是更深层次的连接。我跟我的员工都非常贴心。

这样一个好的关系会让我带团队比较轻松，我觉得只要关系建立得好，做事就会比较简单，比较顺利。我就会把更多精力放在做事上面。

反观关系的建立，我觉得不是为建立而建立，而是一种自然而然、比较舒服的建立。这种关系会让我的团队省去人际上的一些摩擦，而是更多聚焦在目标的达成上。

盖洛普中国区域总监Suimin，也是我的经理，她用自己的"伯乐"和"个别"给团队每个成员以深刻的印象，带领及改变着盖洛普中国的企业文化。

Suimin是我们很多人的伯乐。我在盖洛普入职时是在咨询部，但工作半年后，Suimin发现我做教练和培训师的潜力，就让我去新加坡进行了两周的优势培训和才干分析培训，并为我提供更多对内对外的培训机会。在我因为家庭原因，需要离开公司时，又挽留我成为兼职员工，继续发挥我的优势。和我有

绽放你的
职场优势

着类似机遇的同事还有好几个，Suimin 总是力求人尽其才，她总能看到每个人的才干并乐于让大家有机会施展。

Suimin 也总是能够个性化地对待团队的每一个人。她清楚地了解每个人的个性、家庭情况以及优势和兴趣。在我们的团队中，每个人都非常优秀且特别，也都个性十足。很多经理人可能会为如何管理下属而头疼，但 Suimin 总是能轻松处理，因为她欣赏并尊重大家的独特。无论在盖洛普任职还是后来离开盖洛普，Suimin 都能像朋友一样，给予每个人最贴心的沟通、最真诚的建议。

因为 Suimin 的努力，盖洛普所倡导的人尽其用的文化得以更好地落实和展现，让曾经在盖洛普工作的员工认可并感恩这种文化。很多员工在离开盖洛普后仍与公司保持密切联系，或又回到公司效力，这都是文化的吸引，而文化的推动与弘扬则完全靠经理人的努力和追求。

（三）关系建立优势的名人故事

关系建立才干突出的人具有特别的魅力。曾经有人对比过美国前总统克林顿与小布什在人际关系能力方面的差异。结果是迥异的：克林顿可以做到面对上万人演讲时让每个人都觉得他是在对自己说话；而小布什就算只面对你一个人沟通，也会让你觉得他是在跟别人讲话。

著名作家冯仑曾经撰文记录了李嘉诚如何处理人际关系的一段故事。故事原文如下：

前不久我去香港，和李嘉诚吃了一次饭，感触非常大。李先生76岁。是华人世界的财富状元，也是大陆商

第四章 优势完美发挥的样子是怎样的

人的偶像。大家可以想象,这样的人会怎么样?一般的大人物都会等大家到来坐好,然后才缓缓出场,讲几句话。如果要吃饭,他一定坐在主桌。有个名签,我们企业界20多人中相对伟大的人会坐在他边上,其余的人坐在其他桌,饭还没有吃完,李大爷就应该走了。如果他是这样,我们也不会怪他。因为他是伟大的人物。

但是令我非常感动的是,我们进到电梯口,开电梯门的时候,李先生在门口等我们,然后给我们发名片,这已经出乎我们意料——因为李行政管理的身份和地位已经不用名片了!但是他像做小买卖的商家一样给我们发名片。发名片后我们一个人抽了一个签,这个签就是一个号,就是我们照相站的位置,是随便抽的。我当时想为什么照相还要抽签,后来才知道,这是用心良苦,为了大家都舒服,否则怎么站呢?

抽号照相后又抽了个号,说是吃饭的位置,又是为了大家舒服。最后让李先生说几句,他说也没有什么讲的,主要是来和大家见面的。后来大家鼓掌让他讲,他就说:"我把生活中的一些体会与大家分享吧。"然后看着几个老外,用英语讲了几句,又用粤语讲了几句,把全场的人都照顾到了。他讲的是"建立自我,追求无我",就是让自己强大起来要建立自我,同时又要追求无我,把自己融入生活和社会当中,不要给大家压力,让大家感觉不到你的存在,来接纳你、喜欢你。之后,我们吃饭。我抽到的正好是挨着他隔一个人的位子,我以为可以就近聊天,但吃

绽放你的职场优势

了一会儿，李先生起来了，说抱歉我要到那个桌子坐一会儿，后来我发现他们安排李先生在每个桌子坐15分钟，总共4桌，每桌15分钟，正好一个小时。临走的时候他说一定要与大家告别握手，每个人都要握到，包括边上的服务人员，然后又送大家到电梯口。直到电梯关上才走。这就是他追求的无我，显然，在这个过程中他都做到了。

从这个故事中，我们可以看到李嘉诚先生与人建立关系中所展现出的"包容"，不会让任何一个人感觉自己被忽略，以及"关联"。尽管他与大家素未谋面，大家在他面前只是一个个年轻的小企业家，但他在内心深处并未轻视任何一个人，他深知今天的他们可能就是明天的自己，他愿意以自己希望如何被对待的方式去对待每个人。这是他的人生智慧，也是他的关系建立优势的驱动使然。

爱默生曾说过："哦，朋友，这就是我的肺腑之言。因为有了你，蓝天才广阔无垠；因为有了你，玫瑰才火红艳丽。"安东尼·罗宾也说过："人生最大的财富便是人脉关系，因为它能为你开启所需能力的每一道门，让你不断地成长、不断地贡献社会。"

关系建立才干突出的人是我们身边的润滑剂。有了他们，我们的生活更有爱、更有乐趣，我们的人生也更有意义。

四、战略思维优势之美

人类通过思考改变世界。战略思维才干主题突出的人正是这样去发挥自己的领导力的,即通过思考来领导这个世界。

战略思维领域包括"搜集""学习""思维""理念""分析""回顾""前瞻""战略"八大才干主题。战略思维才干主题突出的人更善于获取和分析信息,做出更佳的决策。

战略思维才干的美不仅体现在对信息的敏感和热爱上,比如"搜集"和"学习",都喜欢获取新信息新知识,并乐在其中;还体现在思维的深度和广度上,比如"思维"会让人在独处中进行深度思考,纵横开阖地去连接现有信息,并升级迭代成新的组合或模型,"理念"则让人天马行空,使无数奇思妙想在瞬间迸发;更体现在对策略的选择上,比如"分析""回顾""前瞻"会帮助一个人分析历史,总结过往经验,并展望未来,而"战略"则自然而然地为其规划出到达理想彼岸的最佳路径。

下面,我从三个方面,即战略思维优势的表现,战略思维优势突出的人如何带团队?以及战略思维优势的名人故事,带你深入了解战略思维领域的优势领导力。

(一)战略思维优势有哪些表现

> 我在公司里面负责制定战略,我的方法是通过分析其他类似公司的成功经验和失败的教训来为我们公司制定战略路线。别的公司成功的方法,我们就学习采用,他们失败的地方我们就绕过去,不去踩那个坑。

这是某知名外卖公司战略副总对他如何运用战略思维的阐

释。很有趣的是，他在战略思维领域里的才干有多个，但并不包括"前瞻"。我在辅导他时，也好奇地问他是用什么才干在制定战略，他上面的回答告诉我，他是在用"回顾"才干，而"回顾"是他的第一才干！

关于领导力的研究发现，领导者有一种能力叫做"conceptulization"，中文意思是"概念化"，指的是一种抽象能力，即把琐碎杂乱的信息总结或者概括成精辟的语言。在我辅导的客户中，我发现战略思维才干主题突出的人大多都有这种概括能力，能够对工作和生活中发生的事以及计划要做的事进行抽象总结和概括，赋予平凡以意义。以下是某留学机构一名CEO的话：

> 我们每个人的生命都是平凡的，怎么去让平凡的生命变得有意义呢？我们每天做的事情都是琐碎的，如何让这些琐碎的事变得值得去做呢？我招人的时候最爱问的一个问题就是，你的梦想是什么，你有梦想吗？很多人不知道我为什么要问，总觉得是要有一个很大的梦想才值得说，其实我是觉得我们每一天的生活都是在制造梦想的过程。我会把我们公司的所有项目都冠上一个美好的名字，在汇报工作进展时，我也会强调这个美好的事是怎样带给客户意义的。我的微信上也每天去讲我们做了什么，意义在哪里，就这样我们整个团队都开始像我一样思考了。

战略思维才干主题突出的人也喜欢创造，"理念""前瞻"等才干主题会帮助他们乐于创新，乐于引进先进的理念，创造出他们感兴趣的新鲜事物。如某大学系主任韩老师这样描述自己的战略思维才干的作用：

> 我在从香港中文大学毕业回国后创立了现在的××系，除了招聘全日制本科外，又开设了研究生班、辅修班、夜大班，相当于创建了 4 个 programs。那么后来我又把香港的正面教育项目引入到内地，并在 3 个城市多所学校实践。之后我又想创编一本期刊，现在也发行了 4 期。我一个人的时候就会去想这些事情，或者跟人交流后有了一些好的想法，就会去想，这个想法好，我们可以这么做。

战略思维才干突出的人会喜欢深度思考，并乐于分享自己深思熟虑后的心得。Mia 是盖洛普中国区优势产品线的负责人，她的才干集中在战略思维和影响力里面。她给我印象最深刻的是"思维"才干的强大效应！每次跟她对谈，我都会强烈感受到她超级强的思维能力，而且每次都会受到她深度思考的洗礼。她加入盖洛普后很短的时间里就把优势理论和方法，以及与其他测评工具的类似与不同之处研究得非常通透，在优势介绍沙龙上给参会者以非常清晰的说明。她的"思维"再加上"取悦"和"交往"，令她总能快速地与每个认识和不认识的人建立连接，而且这种连接不是浅层的表面招呼，而是深层次的心灵交流。也因此，她所带领的优势课程吸引了越来越多的客户，成为名副其实的优势推广大使，并成为盖洛普全球优势课程最佳销售。

因为喜欢深度思考，Mia 也对灵性成长产生浓厚兴趣，并结合自身成长经历，在灵性领域深耕。她希望有一天自己能成长为灵性导师，把自己的感悟和灵性思考传播给更多的人。为了达成这个目的，Mia 开始整理她对灵性的见解，并努力把这些思绪整理成一本有关灵性成长的书，分享给同样对灵性发展感兴趣的伙伴。期待 Mia 的书，我相信那必会是她的思维优势的绝佳展现！

来自长沙的 80 后广东籍客家妹子曼嘉，喜欢写作和积累教育相关的知识。曼嘉也是盖洛普认证优势教练，曾供职于罗门哈斯（中国）投资有限公司，后在公益组织 JA 中国做项目经理。曼嘉的第一个才干主题是"理念"，在前十个才干主题中她还有"搜集"与"思维"才干，和她交流关于才干与她的故事时，发现她真的擅于在不同领域间思考并用这些思考来指引人生！她最近这样来描述自己在接触盖洛普优势理念后的心理发展之路：

> 我是从盖洛普优势理念出发，找寻到了一条自我发展之路的。从积极心理学的学习开始，在家庭关系、人际交往等方面给予自己更多触动。然后从哲学、玄学、历史等方面进行更多的学习，来理解为人处世的根本。从欧洲文明史和中国玄学的比较中去理解中外文明的差异，并与积极心理学比较，来观察以往历史上没有实现积极心理学所倡导的理念的原因，以及现实中的自己与理想中期望的自己存在哪些差异，并在平衡这些不同的价值观中找到一致点，进而以此来指引自己的日常行为。我发现，从积极心理学开始，最终又回到积极心理学，这中间经历了把潜意识进行意识化的过程，这就是我的个人心理发展之路，也

第四章 优势完美发挥的样子是怎样的

是盖洛普优势学习激发出的思考和连接。

我的另一位同事 Fafa，是我见过的把"理念"优势发挥到极致的例子。她钟爱玛雅 13 月亮历法（简称玛雅历法），在工作之余，积极推广玛雅历法知识，制作玛雅文化视频、灵性视频推广玛雅文化，还别出心裁地亲自设计玛雅图腾首饰，不仅自己佩戴，还在网上推广。她的朋友圈也经常提醒大家今天是玛雅历法的什么日子，适合佩戴什么首饰。最近，她又开始做教练和培训师工作从而更加直接地推广玛雅历法文化。询问她为什么会花这么多精力做这件事？她说，她认为玛雅文明是非常正能量的文明，她很愿意让更多的人感受这种正能量，她自己本身也会在传播这些正能量中得到滋养！而把对玛雅历法的喜爱从原本的一个兴趣爱好发展到如此别出心裁、多维度多方法地去推广，则是她"理念"才干的推动！

战略思维才干还体现在强大的"学习"和"搜集"能力上。Yoky 是我的一位前同事，她创建了第一个盖洛普优势群，为优势教练和优势爱好者提供了一个线上沟通和交流的平台。Yoky 在战略思维领域中的第一才干是"搜集"，第二才干是"学习"。坦白讲，在公司时因为我在家办公，很少到公司去，对 Yoky 的才干感受不是很深。记得一次在上海优势教练培训课期间的教练聚会上，Yoky 询问我如果她也成为一名教练会怎样？那时我觉得她在自己的销售岗位上做得那么好，就绕开重点没有直接回答这个问题。没想到她很快辞职真的转行做起了教练。她积极投入对新知识的学习中，学习教练技巧、引导技术、藏波疗愈、灵性治疗等。不仅如此，她还半路出家，画起了油画，并在网上出售自己的画作，居然也卖得不错！她也做慈善，捐赠画作。这还不算，她竟然去认真地学习演唱RAP，和一群老外一起在酒吧唱歌。她还去做舞台表演，呼吁女性的自由与独立。她不断出国旅游，并在异国作画卖画，兼开教授创作的工作坊。前段时间，她又开始写小说，而且还是英文的！总之，离开盖洛普后的 Yoky 一路"学习"，到处"搜集"，活出不一样的风采。我问她如何才能这么恣意生活呢？她说因为她的才干！她需要这些新的东西来滋养，她感兴趣的事那么多，怎么可以只限定在一个领域？我真羡慕她这么多姿多彩的生活！

（二）战略思维优势突出的人如何带团队

在无锡一家公司任职总经理助理的 Helen 在前十大才干中有 6 项是关于战略思维："理念""战略""学习""思维""搜集""回顾"。她这样形容这些战略思维才干对她的意义：

战略思维才干对我的影响，一句话，就是活得很明白。哈哈！或者别人还会说，我对未来的规划一定是，虽然我没有"前瞻"啊，但是我仍然会稍微往前看一点，就是别人可能会迷茫，我的迷茫也会有，但只是短期的，可能马上就会找到方向，找到努力的方向。

具体的体现是这样的。我们工厂建立初期有很多复杂的东西，包括很多东西都是我没接触过的，可能就是发挥了"学习"，还有"收集"，然后整合自己的这些"理念""战略""思维"，包括"排难"等。前期有很多挑战时，或者说局面很混乱的时候，我会比别人更突出，好像想法什么的会让领导觉得比较可以信赖。而且领导会觉得我是这个公司里面最能理解他们的一个人，他们的一些方针理念目标出来之后，可能我是最早理解，也会是结合这个目标去推动落实的一个人。

在团队管理上，战略思维才干也影响了 Helen 的管理风格。她通过思维优势来帮助团队成员分析问题，拨开表面的乱象层层深入寻找到根本的原因。团队也因此打上了思维的烙印，变成思维型团队。

打个比方，很多时候下属只是闷着头做事情，没有办法去梳理自己的一些工作方向，即使梳理的话，可能也只是比较表面的，公司里面管安全的话，其实很难管的。下属一般都会说，我这个也做了那个也做了，但是效果不明显，这个不能怪我，其他人执行力不强，或者理解不到位，不重视什么的，总之原因都会推给别人。而我就会引导他去想，既然这个也做了那个也做了，这个东西效果不明显，应该分析背后的原因，为什么效果不明显？针对他说到的其他部门不配合，我就会引导他去说，这个背后又是什么原因导致的？然后一层层地帮他分析，直至找到最终的原因，之后针对如何采用一些活动、一些具体的方法去改进，我会提出一些意见。

在领导力方面，当我想去表达一些事情的话，我觉得我比其他人思维清晰，因为我觉得战略思维这一块能弥补我沟通的弱点。就是说虽然我不是那种能言善辩的，但是我的思路清晰，我说出来的东西可能还是蛮被人接受的。

慢慢地，我的团队也变成和我一样的风格了。

（三）战略思维优势的名人故事

人类通过思考改变世界。战略思维才干主题突出的人正是这样去发挥自己的影响力，即通过思考来影响这个世界。20年前，比尔·盖茨对个人电脑以及互联网的前瞻蓝图无限缩短了地球人之间的距离。马云通过淘宝大胆颠覆了传统的实体店销售模式，继之而起的京东、当当、1号店等则是对这种模式的学习与发扬。最近两年兴起的外卖业务正在悄悄改变着每个都市人的生活。这些都是思考者的智慧燃起的灿烂烟火。

我们熟悉的作家，无疑都是战略思维才干突出的代表。张爱玲曾在她的书里描写她如何地不懂世事，不善交际，不会料理家务，甚至走路都要磕到桌角，被母亲形容为不可救药，但她独特的观察与思考，诞生了笔下那么多经典的人物和故事。

一些电影导演，如李安，也是思维才干突出的人。李安曾讲过他自己如何因为内向胆小、不善表达和交往而感到自卑。但看他的电影，你会看到因为冷静的思考而呈现出的细腻表达，他甚至将哲学和宗教都巧妙地嵌入在电影情节及设计中，带给观众灵性上的震撼并让人久久地回味。

总之，拥有突出战略思维才干主题的人有着极为清晰的头脑，他们缜密的思考常常会打动我，他们对未来的预想以及有趣的理念也经常令我着迷。和战略思维才干主题突出的客户对谈，总是一场思想的盛宴！

第五章
该怎样发挥你的优势

看到别人充分发挥优势、闪闪发光的状态，你是不是也跃跃欲试了？本章我将和你分享，如何才能更好地发挥你的优势，让你的潜能充分释放。人无完人。你要时刻记得你是这个世界上独一无二的自己，你拥有让自己成功的独门"优势武功秘籍"，你拥有一双可以飞翔的优势羽翼，你要做的就是开发自己的优势思维，制订计划坚定执行，并积极暗示自己"敢拼优势，就会赢"！

一、专注你自己的独门"优势武功秘籍"

总有客户问我：我在战略思维领域里有两个优势主题排在了33和34，该怎么弥补一下呢？

我要很努力地引导他知道，可以使用在这个领域里排在前十的才干。比如，如果"前瞻"排在33，但他有"学习"和"分析"排在前3和前5，这两大优势就会帮助他了解最新的行业信息并做出理性分析，那么他的判断势必就具有前瞻性。

初次了解自己优势报告的人很容易盯着自己的不足，也就是弱势的地方，这和我们过去一直接受的人要不断修正弱点，以期成为完人的儒家文化是有关系的。我们过去接受的学校和家庭教育基本都是沿着这个主线走的，每个人都被要求弥补自

绽放你的
职场优势

己的不足，努力从优秀到更优秀。进入职场后的教育同样如此，老板对你工作的评价永远是"三明治"式批评，先看似表扬，紧接着就转向指出不足，收尾时又照顾情绪地讲讲积极面，但谈话结束后你心中记得的主要都是批评。公司组织的培训和学习也主要围绕着员工的短板进行，比如基本上每家公司都会讲的高效能人士的7个习惯、领导力的7个维度等，无一不是先设定了标杆，然后让每个人向着标杆看齐。对于知识和技能的培训，这样做肯定是有效果的，这也是每个公司的学习与发展部门年年在重复的工作内容。但这样的学习过程会给人传达一种错误的理念，那就是为了提高个人效能，每个人都应该去弥补短版，也就是要遵循木桶理论，因为少一块板木桶的容水量就会减少。

殊不知聚焦优势才会让一个人真正发挥出最大潜能。一个有潜力的人可能在短期内表现一般，但假以时日，优势的力量就会如同火山一样爆发出来。以前在《读者》上读过一篇李安的文章，写他如何在电影专业毕业后的多年里因为没有电影可拍，每天待在家中研究片子、带孩子、做饭，每到傍晚时分，就带着儿子坐在房前的台阶上，等待她太太回来，他形容说是"等待猎人母亲归来"。后来李安实在觉得没有拍电影的希望，甚至决定报名去学习计算机以谋生。在他拿着报名表准备开车出门时，他的太太出来站在门口问他："安，你忘记了你的梦想吗？"李安说自己在刹那间怔住，接着他撕了报名表，又回到了每天捉摸电影的不挣钱的日子。后来，就有了这么多脍炙人口的电影作品的诞生。很难想象，如果李安学了计算机，做了程序员，我们的世界会是怎样。

作家三毛，少年时就喜欢文字和艺术，但对数学极不敏感。小学时因为数学在学校曾受到不懂儿童心理也缺少伯乐意识的老师的恶意惩罚，令三毛对学校产生了厌恶感，从此自闭在家。老师的初衷也是好的，恨铁不成钢，但她的视野是局限的，方法是不恰当的，她不是在培养孩子，而是在毁掉孩子。所幸三毛的父母没有放弃她，送她去学她喜欢的文学和绘画，让她在优势领域充分浸染，才有了后来的三毛。

所以，当你了解了自己的优势，一定要把主要的注意力放在优势主题上，而不要再梦想做一个完美的人。才干就如同武术，你只要专注在自己最擅长的那几套武功秘籍上，把它发扬光大就足够了，不需要各门各派都会。这个世界如果能够让每个人都人尽其才，就是最可爱的世界了！

你的独门优势武功秘籍是什么？你有专注在你的功夫上吗？

二、乘着优势的羽翼飞翔

我感觉我的优势主题就好像我的一架飞机，又好像我的强有力的羽翼，由'排难'打头，其他的才干全都是配合这个才干一起发挥作用，给我的工作和生活都起到了助推助飞的作用。每当我看到自己的优势报告，就觉得我有这么好的优势翅膀或优势飞机，真是太好了，太棒了！

哈哈，这是我听过的最令人心潮澎湃的对个人优势的比喻呢！这是某地产公司客户关系管理总监 Andrew 在辅导时对自身优势的总结。这句话听来让人怦然心动、激情澎湃。能把才干用得那么好、形容得那么好，真的很难得呀。那么我们来看看他的优势主题吧，为了更贴近他的描述，我特意把这些主题

绽放你的职场优势

排列成了飞机的样子，或者翅膀的样子了。

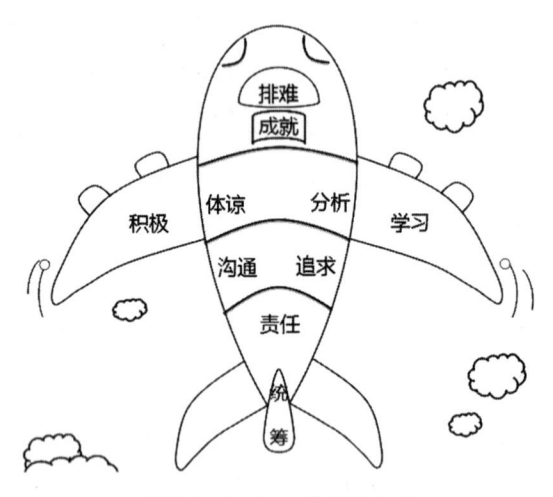

图 5-1 Andrew 的优势主题

我在公司负责客户关系管理，基本上就是解决客户遇到的一切问题。所以我特别开心自己有"排难"优势，我喜欢分析问题、解决问题，解决问题让我特别有成就感。我的责任心也特别强，凡是教给我的事我都认真完成，从不懈怠。老板和客户对我评价都挺好。

我的"人际关系"才干也特别适合目前的工作，因为要去体谅客户的想法，尽量不去跟客户争执，客户第一嘛，如果不能设身处地地体谅客户，就容易从自己的角度出发去想问题。另外，我也比较积极乐观，觉得没有什么解决不了的问题，客户情绪急躁也好、低落也好，我都能把他/她稳住，再帮他/她分析事情的来龙去脉，理清原因，找到解决办法。

我也比较喜欢学习，有些东西不一定用到，但我喜欢去了解，公司的培训我都会特别积极参加，每次都有很多收获。我也鼓励我的下属多学习，客户服务想做得好，也要学习很多新做法。我觉得我学的东西对开拓新的工作思路很有帮助。

此外，我的"统筹"也帮助我更好地调配资源解决客户问题。有了这些优势，我感觉自己就像天生来解决问题的，公司把我放到这个岗位真是太对了，换句话说，我就在做自己最擅长的工作，很幸运！

一个人在自己最擅长的岗位上一定会做得得心应手，状态也一定最好，体验也一定更积极。重要的是，这种感受是处在意识状态上的，而不是无意识的。意识上的知觉会让你更加珍惜这种匹配感，对自己更认可、更接纳，也更欣赏，对工作也会更投入、更热爱、更高效。

你的优势飞机是怎样的？你也可以制作一个自己的优势马达，或者优势骏马、优势猎豹、优势火箭等。无论什么，请把你的优势组装成最令你心动、最给你力量的样子。

把这个形象设计成你的手机或电脑屏保，或者打印出来贴在你的办公桌抬头可见的地方，你将会时刻获得能量、获得动力、获得灵感，你也将会更加知道如何驱动这些优势以让它们更好地为你助力。

三、刻意练习，让你的优势开花结果

如何才能让自己的才干转化成优势，并让优势持久地发挥作用、助力你的成功呢？有一个简单的办法，需要你去实践，

绽放你的职场优势

那就是创建你的优势思维树。

优势思维树，有些类似于画一个以优势为枝干的思维导图。把你想在近期内发挥的才干做成几个主枝，然后写下你可以用这个才干去实现的几个行动，这些行动就是在每个主枝上衍生出来的副枝，这些行动最后的成效就可以化成花朵或果实，花朵代表正在进展过程中，果实则代表已经成功实现目标。副枝不要太多，限定在 5 个以内，以能够实现为原则。

比如，我在 2019 年的暑假绘制了这样的优势思维树。

我计划在这个暑假更好地运用我的 3 个才干：成就、学习、专注。

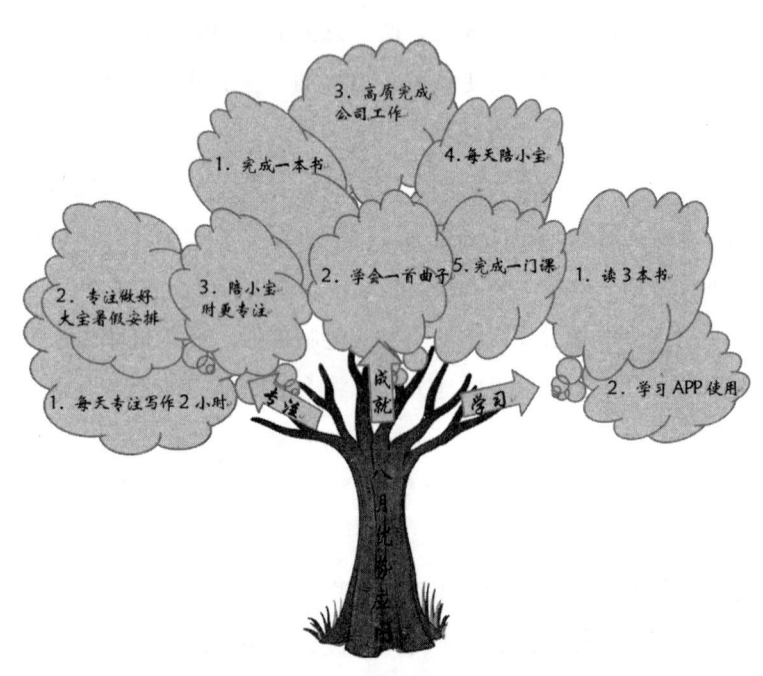

图 5-2 成就、学习专注才干优势思维树

在成就方面，我计划利用自己对成就的渴望来完成4件事：第一，每天坚持写作两小时，完成我的优势书的创作，并完成修改润色过程。第二，完成公司交给的工作，按时高质量地完成。第三，保证每天陪伴我最小孩子的时间不少于两个小时。虽然有姐姐和阿姨在帮我带孩子，但我除了夜间陪睡外，每天早上、中午和晚上都要有时间和他见面，陪他玩耍，带他吃饭，给他换尿布。我相信亲历亲为的照顾才会和幼小的孩子建立亲密感，也才会让他有安全感。第四，保证每周学习一段古琴曲，两个月学会两首新曲子。

在学习方面，我计划学习如何使用知识付费程序，如千聊和荔枝，并认真研读3本书：《精要主义》《优势教养》《发现优势的15个方法》。结合我的养育实践，撰写养育经验的分享文章，为更多妈妈提供有价值的参考。同时，我也期待，这些知识可以变现成为收入的一部分。

在专注方面，我希望能利用这个优势，帮助我确定暑假期间的目标，并盯住这些目标直到落实。比如，首先，我会坚持每天两小时的写作，这是最重要的，也是我最想实现的目标。我要把每天最重要的两个小时给到这个任务。在有其他事情干扰时，优先保证这件事的落实。其次，我希望能利用专注这个优势帮助两个大孩子顺利完成暑假计划，我会每天抽出一点时间安排和检查他们的学习任务是否完成、健身任务是否完成。最后，我希望更好地在陪伴小宝贝时使用专注这个优势，能够放下手机，专心地和他待在一起，完全专注在他身上。

我会把每周当成一个时间节点来检查这个计划的落实情

况。如果落实完好，就会在相应的枝头上给自己画个苹果作为奖励。当暑假过去后，我希望我能在这颗树上收获累累的硕果，就算没有太多果实，也希望它能够开满鲜花，而不是没有任何行动的光秃秃的枝丫。

怎么样，这个方法是不是简单易学，而且很形象？那么你也来开始创建你的优势思维苹果树吧。在开始创建时请注意以下事项：

1. 注意限定时间节点，比如整个计划的预期时间，可以是1周、1个月或1个季度。但不要超过1个季度。这样比较容易衡量成果，如果时间太长，会很难跟进执行情况。

2. 每个优势的行动计划项也要有限制，不要超过5个，3—5个为宜。太多了比较难以落实，容易顾此失彼。

3. 行动计划的难易程度要适当，太难容易产生挫败感，太简单又缺乏挑战。适当的、可执行的计划最好。

四、通过积极暗示让你的优势闪耀光芒

《圣经》说上帝创造的每个人都有他/她的使命和目的，因此，每个生命都是独特的、有价值的。中国的古诗也说"天生我才必有用"。但人们常常会忘记这些，尤其是在经历低谷期时，经常会出现认知上以偏概全的谬误，把人生中的某次不得意引申到对自己的全盘否定上来。

事实上，历史上做出成就的人都是在内心深处对自己有信心的人。在人生不得意的时候，会以《孟子·告子下》中的名句来为自己鼓劲："故天将降大任于斯人也，必先苦其心志，

第五章 该怎样发挥你的优势

劳其筋骨，饿其体肤，空乏其身，行拂乱其所为，所以动心忍性，曾益其所不能。"这并不是空泛的自我鼓吹，而是应用了积极暗示的心理学原理。

积极暗示对人的巨大影响力已经得到无数验证。最著名的积极暗示的实验是哈佛大学的罗森塔尔教授在加州一所学校做的实验。开学伊始，校长对两位老师说："根据过去三四年来的教学表现，你们是本校最好的教师。为了奖励你们，今年学校特地挑选了一些最聪明的学生给你们教。记住，这些学生的智商比同龄的孩子都要高。"

两位老师非常高兴，尽管校长嘱咐他们不要对这些孩子表现出任何特别的关注，但他们还是在课上以及课下给予了这些孩子更多的关心、鼓励和赞美。因为他们相信这些孩子的确是与众不同的。

一个学期下来，这些孩子的表现明显优异于其他孩子。事实如何呢？这些孩子是实验者在全班中随机挑选的，他们与其他孩子没有任何差异。但由于老师对他们产生了特别的期待，并在这个学期给予他们特别的暗示，让这些孩子觉得自己应该表现优秀，所以他们向着这个方向去要求自己，最终真的成了优秀的学生。

这就是著名的积极暗示的实验。这个实验说明：期望和赞美能产生奇迹！

那么，当你面对自己的优势报告时，能否也应用这个原理对自己充满期待呢？你的这些优势会带来怎样的成就？他们如何帮你打赢一次又一次工作上的攻坚战？他们如何在你情绪低

绽放你的职场优势

落时帮你缓解焦虑不安的心情？有这些优势的护航，你才会取得今天的成就，那么，未来，你可以通过这些优势取得怎样的更为骄人的成就呢？你一定会取得成就，因为你有这些与众不同的、独特的天赋！

所以，我建议你尝试一下这个自我暗示的练习：

每天早上，你可以尝试对自己说，看，这是我的优势火箭，我一定会乘坐它冲入现实的太空，尽情地遨游，我会超额实现我的业务目标，完成我的写作计划，顺利实现项目的结项……

每天对着镜子的积极暗示，将会开启一个神奇的、美好的、有魔力的一天。这一天与往常没有不同，但又是全新的，因为你为自己赋了能，能量满满地迎接新一天的每一个任务，又怎么会不出色地完成呢？

五、缺一不可的完美搭配，让弱势去见鬼

管理自己弱势的一个办法，就是把优势的部分充分发挥，让超强优势掩盖弱势。一个把优势发挥到极致的人，是不在乎自己的弱势的。优势已经令我独一无二，谁还在乎那点缺点，谁还没有一点缺点呢！

我认识一位非常知名的绩效培训讲师，她的才干有 4 项在战略思维领域，即"前瞻""理念""学习""战略"。她说她真的是非常"前瞻"的人，她用对未来的憧憬来指导今天的努力方向，一旦确定了目标，就会寻找实现目标的办法，此路不通，就寻找彼路，总之一定要解决问题，实现目标。

她也特别喜欢学习，总在不断学习新的课程、新的方法。在理念方面，她很容易把几个看似无关的东西联系到一起，比如新学习的模型，和以前的模型有什么关系？这也是她能够快速把新的绩效管理方法连接到原有的绩效体系中并快速成为这个领域的专家讲师的原因。她说也许别人觉得这种连接很困难，但她却觉得很容易。她还出版了一本关于绩效管理的书，这也是把各家公司的绩效管理体系做串联的一个工作，也是她的理念才干的发挥。

她在影响力领域的才干是"完美""行动""自信""追求"。她说离开公司，自己做培训师后，一下子找到了才干充分发挥的感觉，3年里，出版了3本书，每个月的课程都排得很满，觉得自己做的事很有价值。她的"追求"得到了充分的滋养。她认为自己是可以把一个很小的优势发挥到最大价值的人，比如在自己熟悉的绩效管理领域，她写书，开公开课、内训课，还和平台合作开网课，设计绩效管理软件，她充分挖掘这个优势的所有可能性，并逐一去落实。她总是想到就去做，自己不会就请人帮忙，一点一点攻克难题，落实计划。这是她的"完美"和"行动"。听过她上课的人都会有感觉，她语速特别快，声音很坚定，步伐也利落，一看就是行动派的人。她又非常自信，每次课上都会赢取很多粉丝。在执行力方面，她有"成就"和"专注"才干，这两点在她专注于绩效管理、写书讲课中都充分体现了。

看见她，你就会感觉到才干的充分利用和充分发挥所闪现出的光芒。让我印象深刻的还有她对自己弱势领域的感觉和处

绽放你的
职场优势

理方式。她的弱势才干集中在人际关系领域。她承认自己的体谅的确不够强,不能细致入微地关怀别人,但她觉得自己也没有时间去做这些,她的精力是有限的!她分享说,如果她想去搞好人际关系,肯定是可以运用其他优势去搞定,因为她有过成功的案例。但她觉得大多数时候都没有必要,她觉得没必要把精力放在这方面。这真是最霸气的应对自己弱势的做法!

应用心理学中心首席执行官亚力克丝·林立博士说:"只有在充分利用自身优势的基础上,我们才可能通过战胜自身的劣势获得成功。"彼得·德鲁克也曾经说过:"那些非凡的领导者都在让自己的优势互联,最终让自己的劣势也变得无足轻重。"

每个人都有排在后面的才干,但不一定就会成为弱点,我们完全可以用超强的优势才干来达成同样的目的。另外,当你的优势火力全开,源源不断地输出成果的时候,何必去关心自己的一点不足呢?哪个人不是一身的缺点呢?让弱势见鬼去吧,谁有功夫去理它?

第六章
优势可以帮你解决哪些职场问题

了解自己和他人的优势可以帮助我们在职业发展的不同阶段更好地解决那些困扰我们的问题。优势首先可以帮助一个人在职业生涯的最早期确定未来的职业发展方向；接下来，在职业发展的不同阶段，通过优势重新看见自己和他人，都会使我们对当下遇到的问题获得新的启发。

一、职场初启航：通过优势选定你未来的专业和职业方向

一个人了解自己优势的最佳时机是什么时候？从个人职业发展的角度来看，应该是在高中阶段。当然，父母可能希望更早些了解孩子的优势所在，但这更多地是从如何培养孩子的角度出发，属于父母亲职责的范畴。通常，一个人的职业生涯会在高中阶段开始起航，这也是个体进入青年期，开始认真思考自己未来的阶段。

我曾经帮助很多高中生了解他们的优势，总结起来，有两大类助益：一类是在高中分文理班的时候，优势会帮助他们确定自己到底应该适合学文科还是理科；另一类是在高考后选择大学专业的时候，优势会帮助他们看到自己最具潜力的领域。

乐乐是一名刚入高中的优秀女孩，在选择文科还是理科的问题上和妈妈产生了矛盾。乐乐想学文，但妈妈觉得自己全家都是理科出身，总觉得理科未来有更多就业机会。于是，妈妈找到我，希望能从优势的视角帮助女儿做出更好的选择。表6-1是乐乐的前十大优势主题分布情况：

表 6-1　乐乐的前十大优势主题分布

执行力	影响力	关系建立	战略思维
成就	取悦	适应 包容 和谐 积极 体谅 交往 伯乐	搜集

可见，乐乐是一个在关系建立领域有着超强天赋的孩子。我在辅导乐乐和妈妈时，乐乐对自己的优势报告没有太多惊讶，反倒是妈妈觉得这回真正了解了女儿。以前她总觉得女儿性格太好了，对同学的要求基本有求必应，完全没有自我；她觉得女儿不够强势，缺乏领导力，总感觉这不像是自己的女儿。乐乐却觉得能够帮助同学是一种幸福，她享受那些温暖的被需要的时刻。现在妈妈终于明白，女儿在班级的好人缘是一种优势，因为良好的人际关系既是一个人身心愉悦的重要条件，也会助力于未来职场中工作的开展。

乐乐想学文科，希望将来能从事和人有关的工作，比如教育、媒体、服务、管理类等。乐乐也联想到她会如何在这种直接与人交往的工作中发挥自己的优势。她不喜欢数理化，尽管她学得也不错，但这更多地是因为她的努力和不想使妈妈失望，其实她对这些学科并没有激情，文科、语文、历史是她最喜欢的学科，她享受徜徉在这些知识的海洋中。

联想到当时我刚好认识的一位在地产中介公司工作的男士，他一路从重点小学读到复旦，学热门的计算机专业，但毕业后做了几年程序员之后，就转行去做中介了，因为他不享受编码，不喜欢绝大部分时间对着电脑，而喜欢和人打交道的工作。在我认识他的时候，他告诉我他正在自学中文本科课程，不是为了赚钱，只是单纯地因为喜欢。我听了后也非常感慨，如果他大学就学了这个专业，那么现在他应该在自己更有激情的岗位上吧。

我分享了几个因为大学选错专业而走了职业弯路的例子给这位妈妈。我的观点是一个人应该做自己喜欢并擅长的工作，才有最大的可能做得优秀并取得成功，做到既享受工作又能拥有不错的生活。但选择文科有可能在刚毕业的几年内收入不高，长期发展应该会不错，行行出状元，文科做到大学教授、公司中高层管理职位的也大有人在。当然也有可能一直都收入不高，但至少会享受每天的工作。妈妈非常开明，她觉得只要女儿享受自己的工作，收入不是首要考虑问题。最重要的是，妈妈开始用优势的视角去理解和欣赏女儿了。最终母女达成一致，皆大欢喜。

还有一个案例，是关于如何选择大学专业。Lucy 是一所国际高中的高二学生，正在准备申请大学。在选择什么专业作为未来的发展方向时，Lucy 和妈妈希望听一听专业的建议。

绽放你的职场优势

Lucy 的优势报告如表 6-2 所示。

表 6-2　Lucy 的前十大优势主题

执行力	影响力	关系建立	战略思维
		体谅	思维
		个别	前瞻
		关联	战略
		交往	理念
		积极	搜集

从表 6-2 中可以看出，Lucy 的主要优势集中在战略思维和关系建立领域，其中前者的优势主题更强一些，前五大主题中有 4 个都在这个领域。这样的特质说明 Lucy 拥有非常出色的战略思维能力，善于深度思考，有创意，有战略眼光，并享受搜集信息的过程。Lucy 个性乐观，善于和人打交道，有较好的同理心，善于体察他人的情绪，能够个性化地处理和他人的关系。单从优势报告的角度来看，未来的专业选择有两个方向：一个是需要较强思维能力的专业，文科、理科都可以，如果能够发挥这些思维优势最好；另一个是直接服务他人的方向，比如教育、临床医疗、旅游、咨询等服务行业。

为了进一步了解 Lucy 的职业倾向性，我也给她做了霍兰德职业倾向性测验，结果如图 6-1 所示：

从图 6-1 来看，Lucy 更喜欢研究型的职业，她不太喜欢管理类，尽管她的关系建立能力很强，这应该是缘于她在执行力和影响力维度优势不足。Lucy 的妈妈也觉得女儿的执行力太弱了，比如昨天计划今天做蛋糕，在网上定好了所有的材料，结果今天材料都送来了，Lucy 却迟迟不肯动手，最终还是妈妈做好蛋糕，喊 Lucy 来吃。

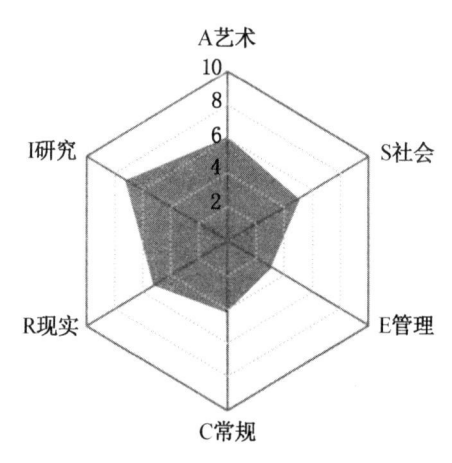

图 6-1 Lucy 的霍兰德职业倾向测试结果

Lucy 有自己的梦想，她想学医学，希望先去国外学习西医，然后再回国来学习中医，最后能够融会贯通，成为一名医学专家。但妈妈总是担心女儿，觉得学医学太辛苦，又觉得她平时懒懒散散的，只怕将来什么也做不好。

我则完全站在 Lucy 这边，百分百赞同她的计划。原因如下：选择医学并继续深造，无论是选择在美国拿到医学博士做医生，还是再回来学习中医，都会用到她的思维能力，而且她也喜欢科研，在医学领域的深造无疑是最能发挥她的思维优势的选择。此外，医生是直接服务患者的，这会为她出色的关系建立优势提供发挥的舞台，我能想象她会成为一名耐心体贴的好医生。

绽放你的职场优势

更为重要的是，获得国外医学博士后，她会拥有绝对的专业权威，这种专业权威就会自带影响力，会中和掉她因为先天影响力不足可能带来的消极体验。医生大多数时间在思考判断病人的情况，以及思考更具创新性的治疗方案，而无需像护士一样处理大量照护病人的琐碎工作，恰好规避了她执行力方面的劣势。因此，这样的选择对她来讲真是绝佳的扬长避短的方案！

Lucy 听到我的分析后，更加坚定了自己的想法。妈妈也完全认同这种分析，从对女儿的担忧和不信任转变为越来越觉得有道理和有信心，露出如释重负又满怀希望的神情。而我，则似乎看到了 10 年后学业有成的 Lucy 穿着白大褂诊治病人的倩影，专业的魅力和服务的精神让她每天在发挥优势中快乐地工作，并收获敬仰和尊重。这想象让我觉得自己的工作在那一瞬间变得更有意义了！

二、职场人际圈：用优势的视角管理工作中的关系

你和同事们的关系都好吗？有没有你觉得难以理解的人？你如何处理你与上司的关系？关系带来的挑战常常大于工作任务所带来的挑战，那么如何去更好地进行关系管理？学会用优势的视角处理工作中的关系将会给你带来更顺畅舒服的人际环境。

在优势工作坊中，我经常会跟大家分享两个例子，这两个例子都是我身边真实的故事。我有一个同事 Echo，她的优势主题"纪律"比较靠前。一天中午，我、Echo，还有另外一个

第六章　优势可以帮你解决哪些职场问题

同事相约饭后去南京路散步，但饭后下雨了，而且雨还有点大，我和另一个同事就说不去逛街了，Echo 也同意了。过了几分钟，Echo 却拿起钱包和雨伞说："我还是要出去走走。"我和另一个同事都觉得有点惊讶于她的坚持，但很快我就想到她的"纪律"才干，知道她一旦计划好一件事就希望能按计划落实，所以，我就对她说："好吧，祝你散步开心！"

这是一件很小的事，知道一个人的优势让我们更容易理解她的感受和行为，但如果不是从优势的视角出发，我们可能会觉得她太固执，为什么一定要在雨天出去散步呢？

我的另一个同事 Sherry，她和我的工作任务类似。有一天，她忽然问我，能否帮她做一个已经排定好的高管面试，因为她临时有事没有办法完成。然后，她又加了一句："我知道你和我的'适应'都很靠后，所以，如果你有时间但没有心情做，我也理解，这个客户不急，我可以和他商议调换时间哦。"坦白讲，我的第一反应是很抵触，不喜欢接受这样的临时安排，但看到她后面对我的理解，就觉得为了这份理解可以接受这个任务。所以你看，了解同事的优势，真的有助于建立更好的工作关系！

我的很多客户都是来自一家已经践行优势文化多年的外企，每次在给他们做教练的时候，我都会听到他们在讲自己与老板的关系。比如，有一位部门副总是这样描述自己与老板的关系：

> 我老板的优势是战略思维和影响力特别强，我呢，刚好是执行力比较强，所以我和我老板是最好的搭档。我经

常跟我老板开玩笑，如果没有我，我们的工作就没法落实了，我就是他的"最佳搭档"。我老板也很认同，他也多次在会议上公开说我们俩的搭配是最完美的。

还有一位空降过来的经理觉得与她的直接上司难以磨合，尽管已经一起工作半年了，但总觉得上司对她的要求特别过分，是对她能力的不认可。我问她是否了解过上司的优势，他是不是影响力很强，而且可能有"成就"和"完美"才干排在前面？也许还有"竞争"或者"行动"。她说的确如此，都被我说中了！这就对了，你的上司并不是针对你，而是因为他对工作就是这样的标准！真是一语点醒梦中人，她重新用客观的、优势的眼光来看她的上司，不再觉得他对自己有敌意，并努力用更高的标准来要求自己的工作，终于成为上司非常得力的下属，并与上司成了朋友。

可见，如何处理好你与上司的关系，同样需要"知己知彼"。

那么，你了解你的同事吗？你了解你的上司吗？花点时间去了解他们，你会经营出更舒服的工作关系，也会更容易赢得上司的赏识！

三、职场最顶层：优势依然能够为你带来洞见

优势的发现越早越好，因为早发现自己的优势，选定最有潜力的赛道，你的人生就更容易趋向成功。那么当你已经在职场取得不错的成绩时，是否还需要重新认识自己，重新看见自己与众不同的优势呢？答案，取决于你是否仍有困惑。

我辅导过一位职场女精英，她已经是马来西亚一家大公司

的集团副总。我觉得作为女性,她已经几乎在职场进阶之路上走到了顶峰。在基本了解了她的优势后,我问她是否有什么想要探讨的困惑或问题?她稍微思考了一下说,她正在犹豫要不要去打探一个消息,这个消息是关于公司会任命谁为新任总裁。她是被董事会提名的人之一,但她不知道董事会的决定,因此在犹豫要不要去打听。

坦白讲,听到这个问题有点出乎我的意料,因为这其实是一个很小的问题,或者很简单的问题。为什么会被她作为一个问题很郑重其事地提出来,并且希望从我这个陌生的教练这里得到一些启发呢?

我重新看了她的优势报告后明白了,她的"影响力"主题最多,其次是"执行"和"战略",最少的是"关系建立",只有一个"交往"。于是,我明白了,对她来说,在关系建立优势偏弱的情况下,她可能并没有在公司建立强大的人脉圈子,因此,"向谁打探"和"是否能打探到",以及会不会被竞争对手利用这种打探从而失去机会,都可能是她面对的问题。

我的猜测得到了验证,她说公司之前的总裁很欣赏她的能力,这也是为什么她会在现在这个位置上的原因。尽管她已经是集团副总,但她和董事会的人并没有深交,和其他副总裁也仅是工作关系,和她有私交的只有一两个分公司经理,但估计他们也没有相关的信息。

在人际关系比较复杂的企业文化中,如果贸然向不了解的人去打听,可能会出现难以想象的后果。因此,打探消息成了一件困难的事。

绽放你的职场优势

那么，如果不去打探，顺其自然等消息又如何呢？当然可以，但是看看她影响力维度那么强大的优势，她如何能按捺住自己内心的愿望？

我邀请她回顾影响力维度的优势主题，并询问她渴望职场更进一级的愿望指数，在1到10的评分中，她的答案是9，说明她非常渴望能有更大的平台一展身手。

注意到她有"追求"主题在前十，我尝试帮她从"自身需求"转向"价值引导"上，询问如果被选中，她可以为公司带来什么，进而为社会带来什么？谈到这些，她的语调明显提高，一反之前的犹疑和不自信，变得激动兴奋，开始滔滔不绝地讲起她的设想。我想，这才是真正闪闪发光的她啊！

在激发出她的自信后，我可以直指她的短板了。关系建立是她的短板，这是她为什么提出这个问题的原因。那么如何面对并破解这个短板？首先，直面它，这是你一直以来的问题，但记住，这并不影响你的优秀，只是美玉微瑕。其次，现在是否应该去打探这个消息，显然在没有信任的人可以打听的情况下，是不宜贸然探问的。最后，如何才能得到一些消息？回顾你比较信赖的人中，谁是关系建立能力比较强的？他或她是否有办法间接探得一些信息？如果可能，利用他人的优势可以起到四两拨千斤的效果！

换个思路，了解董事会的意向并不是什么见不得人的事情，其实可以不必如此小心。之所以如此小心，是因为在这件事上赋予了更多个人职业发展的自我需求意义，而不是更好地服务公司的价值意义。转换视角，当你更多地把服务公司的价值放在首位并以此为己任时，你就会觉得打探董事会的意向，甚至主动去沟通、去争取都是应该做的事情。为什么不利用自己影响力的优势，去跟董事会做更多的沟通，让他们看到你的价值呢？在职场中，规避劣势、寻找互补搭档都是解决问题的重要方法，但永远不要忘记，发挥你的优势才是主旋律！

她又问我，如果她争取了，一旦输了，岂不是很没面子？我反馈说，如果你真的有能力带领一个集团走向更好的明天，又何必担心没有用武之地呢？她立刻觉得如释重负，吁了一口气，会心地说：对啊，世界很大！

这次优势辅导到此结束。在最后的辅导反馈中，她说非常感谢这个过程，帮助她重新看到了自己，自己的优势、自己的短板，也让她更清楚地明白自己内心所向，并知道如何有意识地管理自己的弱势领域。我相信并祝福优秀的她在不久的将来拥有一片更美丽的事业天空！

作为职场高管的你，是否也有类似的小困惑呢？你知道这困惑的底层原因吗？它和你的优势有什么关系，又和你的劣势有怎样的联系？你也许需要重新看见自己了！

四、创业再出发：运用优势寻找你的最佳搭档

当你决定结束打工生涯，选择自己创业时，你最可能面临的困扰是什么呢？我曾听很多创业老板分析过这个问题，共同的回答是找合伙人太难了！什么样的人和你会成为最有力的搭档呢，尤其是在创业初期，你要选择什么样的人合作才更有可能导向成功呢？

绽放你的
职场优势

　　Emily 是一家创业公司的副总经理，她是三个股东之一。她最近辞职了，原因是与其他两个股东有不同的经营理念，更主要的原因是她与另一个副总在配合中存在很多摩擦。Emily 的优势报告显示其优势主要在影响力与人际关系维度，她的取悦、追求、积极、竞争、行动、交往等才干较为突出，善于与陌生人建立关系，并能够较快地拿到订单。她的搭档则属于执行力和战略思维能力较强的人。事实上，她们本应该是最佳搭档，但却因为彼此优势才干不同而容易产生冲突。Emily 行动力强、干劲足，总是冲在前面，总是想到就做；而她的搭档则觉得 Emily 太冲动，没有考虑周全就冒进，并会到总经理那去抱怨。Emily 认为这个副总太小气，做事太较真，不够果断。两个人合作的两年中，摩擦不断，彼此都不服气。总经理则大部分时候站在那位副总一侧，更让 Emily 觉得不被理解。

　　我询问 Emily 未来的打算，她说已经计划好新的创业计划，并说这次一定要找到志同道合的人一起干。嗯，听起来很有道理。那么，在与这位副总合作之前，Emily 的合作伙伴是什么类型的呢，合作结果如何呢？

　　Emily 回顾了一下，说以前主要是自己创业，一个公司就她一个人说了算，虽然有身边的人会提出不同的意见，但基本上自己是不会听的。但问题也有，即最后这些怎么估算都应该赚钱的生意都以赔钱结束。这次与这位副总合作，虽然一路碰撞，但好在公司运营良好，一直处在盈利中。虽然自己辞职了，但股份没有撤出，因为还是相信公司会继续盈利的。

　　这就非常有趣了，在 Emily 心中，志同道合的人其实就是与自己相似的人的代名词，那么，这样的合作伙伴会真的对生意成功有贡献吗？Emily有没有看到合作伙伴在优势和能力方面需要与自己互补，才更有可能在生意上获得成功呢？那些因为性格不合而产生的不同意见，是否可以从优势的视角去重新观察，用欣赏和理解的眼光去看？

最终，Emily恍然大悟自己的问题到底出在哪里了，她承认那位副总其实能力很强，她细心负责、执行力到位，虽然经常指出自己的问题，但实际上的确这些地方自己没有考虑周到。正是她的有力执行，才保证了所有项目的顺利实施。回归原来的公司不是Emily的选择，但她明白自己未来公司的搭档应该恰恰是要寻找一位同样在执行力和战略思维力方面较强的人，那样，她们才能强强联手，成为最佳搭档！

你了解你的搭档的优势吗？你是否正在为寻找一位和你恰好互补的搭档而烦恼？无论是哪种情况，了解自己和搭档以及核心团队的优势都会为创业成功和公司发展提供新的视角和动力，那么，着手去发现吧！

第七章
如何在团队管理中运用优势理念

一、千禧一代的员工需要怎样的管理者

不久前，盖洛普公司发布了他们对千禧一代员工职场诉求的研究结果。千禧一代，即1980—1996年出生的一代人，也就是现在已经步入职场并逐渐成为主力军的"80后"和"90后"。他们相比"60后"和"70后"，成长在更好的生活环境中，拥有更好的教育背景，有更高的追求也更有个性，同时也有着不同于前辈的职场诉求。这些诉求给管理者们带来了挑战，那么他们的职场诉求是什么呢？如何有效地管理这一代年轻的员工呢？

盖洛普研究发现，年轻一代的员工相比他们的前辈而言有不同的职场诉求、他们更关注工作的目标和使命，而不仅仅是薪酬；他们更希望通过工作达到自我实现，因而更关注发挥自身优势，而不是弥补不足；他们更关注成长和发展的机会，而不仅仅是一份令人满意的工作；他们习惯了互联网的速度，因而希望得到有关自我表现的及时有效的沟通，而不是一年一次的绩效考评；他们期望自己的经理人是陪伴自己职场生涯旅途的教练，而不是裁判。盖洛普还发现这些年轻员工的另外一个特点，即他们更容易频繁地跳槽，以获得上述诉求的实现。那么，如何才能满足年轻一代的诉求，从而激发他们的工作热情，并为企业留住明星员工呢？

盖洛普通过研究发现，全球的优秀经理人有一个共同的管理特点，那就是教练式的管理。不是成为员工的上司、老板，而是成为他职业生涯旅途中的教练，发现员工的才干，把他放在合适的岗位上，最大化地激励他发挥自己的优势，为团队和企业带来价值。

相反，传统风格的管理者则经常抱怨员工能力不足，缺乏干劲。他们要么看不到员工的优势，要么看到了也不善于把员工匹配到他最擅长的任务上。教练型的管理者能激励团队成员发挥出每个人的最大优势，并能够让个人才干在团队中得以放大和凸显，实现一加一大于二的合力效果。

现代企业必须快速反应，敏捷迭代，才能适应瞬息万变的信息社会，层级繁多的金字塔形组织正在转向扁平化。因此，管理者也必须从以往吹哨子发口令的指挥型管理向支持型赋能型领导风格转变。

现代的管理者需要培养教练式思维，成为员工愿意信赖的支持者，发现员工的优势，激发员工的干劲和激情，打造赋能型的团队和组织；要有开放的心胸，开阔的眼界，锐意进取，在管理之路上持续精进。

二、作为经理，你需要注意才干的两面性作用

才干作用于管理者的管理风格，主要是通过才干的两面性特征。才干既可以驱动管理者打造具有和自己一样特征的团队，也可能因为看不到才干的另一面，而让团队产生抱怨和抵

抗，从而降低整个团队的工作效率。这一点我们在前文才干的两面性中已经做了阐述。

每个经理人都会有自己独特的、与众不同的管理风格，比如有些人是粗放式的管理，有些人是无微不至的管理。管理会因团队而异，也会因管理者个人而异。不同的管理风格，在针对不同的团队时会有不同的效果。所以，如果你是经理人，需要带领团队工作，那么你需要了解自己的管理风格，以及才干会对自己的管理风格有怎样的影响？管理风格的自我认知不仅仅要从经理人自身的角度去看，还要从团队的角度、他人的角度去看。只有这样，才能够获得更全面完整的认知，才能够对一些可能存在的问题有所觉察。

三、团队有怎样的优势DNA

你的团队有哪些优势？团队在哪个领导力维度表现优秀？是属于执行力较强，还是影响力较强？人际关系建立能力较强，还是战略思维能力较强？这就是团队的整体DNA。

此外，你还可以去了解团队成员共同拥有的才干有哪些？比如也许大多数团队成员都拥有人际关系能力的才干，或者大多数人都拥有战略思维领域的才干。团队的每个成员最突出的才干分布在领导力的哪个维度里？比如某个成员的前五大才干有3项分布在影响力维度里，说明这个成员是一个有比较强影响力的成员；另外一个成员也许在执行力里面有很多才干，则说明他是执行力较强的团队成员。对每个团队成员的优势做到了然于胸，是经理人必修的功力。

四、团队曾有过哪些巅峰时刻

拥有这些才干对团队成员来讲,意味着什么呢?这个团队流动着这样的才干血液有什么意义呢?团队成员曾经如何运用他们的才干创造了成功的团队绩效?请你的团队成员回忆在过去一年或者过去几年内取得的最成功的事例,来帮助团队拥抱和欣赏他们的优势 DNA。

将团队成员分成不同的小组,每个小组中的成员在领导力的某一个维度拥有最强优势。请这些小组互相讲一讲,该小组的优势如何为团队创造出卓越绩效。这样的一些优势认知环节会增强团队成员对团队优势的认可,并进而以自己的团队优势为傲。

五、排兵布阵,如何巧用优势组合

如何巧用团队成员的优势?如何进行新任务、新目标的排兵布阵呢?作为经理你需要清楚团队整体的才干特征,以及每一个团队成员的主导优势。首先,你应该知道哪些团队成员与自己拥有互补的才干。人际关系处理能力方面才干不足的经理人如何去凝聚整个团队的关系呢?其可以借用团队里关系建立优势非常强的团队成员的力量,请他帮忙来做好整个团队的融合和凝聚工作。一个非常善于思考而不善于执行的经理人,应该非常清楚团队中哪些人是执行能力最强的,并且在有了好的想法后,马上交给这些人去有力地执行。

另一个排兵布阵的角度,是利用团队成员之间互补的才干。一个具有"战略"和"前瞻"才干的成员与一个拥有"行动"和"成就"才干的成员可以成为非常好的开拓性的搭档。

两个共同拥有"完美"才干的成员,也必然会产生一致的工作期望而有更多共同语言。苦于自己团队影响力不足的经理人,应该把团队中影响力较强的成员推到队伍的前列,让他们发出声音,为团队争取更多资源,并把团队的愿景与目标分享给其他部门,获得更多认可和支持。

六、优势自荐与他荐,充分赋能团队

为了充分利用团队成员的才干,你可以启动这样一个充分赋能的优势自荐和他荐程序。在每次团队任务列出后,都邀请团队成员进行该任务所需要的才干的分析,并列出全部需要的才干,然后,团队成员可以自荐或推荐拥有该才干的团队成员。这样一个程序,会让团队对任务更有信心,也更主动地、有意识地去运用自己的才干。

畅销著作《赋能》一书的英文书名是 TEAM of TEAMS,其核心含义是大团队中的小团队。作者通过美军的管理变革,将大型组织拆解成为无数小型的赋能型团队,来说明打造应对不确定性的敏捷团队的方法。

事实上,不仅是美军,全球企业为应对 VUCA 时代的剧烈动荡,都在探索全新的组织模式与团队管理模式,例如:美国全食超市的基层团队自治制度、海尔的企业平台化、员工创客化变革,韩都衣舍的产品小组制实践,永辉超市的基层合伙人团队,等等。

很明显,授权赋能基层团队,激发小团队的主观能动性,打造敏捷高效适应环境的团队,是这一轮组织变革的重头戏。敏捷共创团队是能够自我驱动、主动适应变化、集合成员智慧、大胆试错创新的团队。这样的团队才能适应 VUCA 时代剧烈变化的挑战。而优势赋能的团队正具备这样的特征，属于高度自我驱动、优势驱动的团队，并且是彼此认同、相互包容的团队。这样的团队能够和而不同，可以接纳不同观点，并愿意配合尝试，大胆试错。因此，赋能型团队的根源是以优势为基础的团队。

七、优势 SayDoCoCe，你可以这样辅导员工

著名咨询公司凯洛格总结了一个经理人辅导员工的三步法，即：1.说你要做的（Say）；2.做你所说的（Do）；3.在无法及时完成时沟通（Comunicaiton）。

评价他人的行为都根据这 3 点：即说要做的；做所说的，管理者评估下属也是看他们是否能持续做到 SayDoCo，同样下属评价上级也是如此；在无法做到时及时沟通。虽然这是一个双向要求，但实际上更多时候管理者需要在下属提出要求时或者在下属没有提出要求而经理人发现其没有完成所要做的事情时，及时进行沟通和辅导。凯洛格认为当员工和管理者无法践行 SayDoCo 时，会为组织发展和绩效带来严重的负面影响。从落地战略到改变企业文化再到达成商业目标，如果员工和管理者做不到 SayDoCo，会为目标达成带来阻碍。

将这个三步法应用到优势辅导上，你完全可以尝试：

1. 说出你要发挥的才干（Say）；
2. 发挥你的才干（Do）；
3. 无法完成时及时沟通（Co）。

绽放你的职场优势

通过前面的优势自荐与他荐来赋能团队，再使用这个反馈三步法来及时沟通和了解员工工作落实情况，将会帮助经理人及时了解团队工作实况，并与每个团队成员保持紧密的沟通。这个环节的反复与坚持，是团队绩效达成的保障。除此之外，我特别建议经理人加入第 4 点：完成任务后及时庆祝（Celebration）。

如同任何一场庆功会一样，对才干的庆祝是对将才干发挥成优势的一种认可。才干在针对不同任务时发挥的作用方式是不同的，每一次尝试都是对才干的一种投入和锻炼，都是我们把才干培养成自身优势的一次锤炼。所以，当任务完成时，值得对发挥作用的才干进行总结和认可。这会让团队成员更以自身的才干为荣，也会激发他们更多地去发挥自己的才干。

我把这个过程称为优势辅导四步法（见图 7-1），即 SayDoCoCe。这是个简单实用易上手的辅导工具。

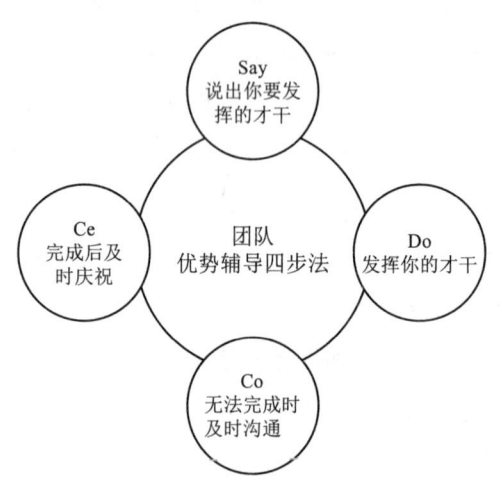

图 7-1 优势辅导四步法

104

第八章
优势教练如何帮助你发挥优势

前面我用七章介绍如何通过优势获得自我认知并趋向自我实现。在最后一章里，我将和大家分享优势教练如何帮助客户获得对自身的洞见。本章将会和大家分享我对优势辅导的理解，也会为大家展示真实的辅导案例。

一、优势教练的目的是什么

优势辅导的目的不能只停留在帮助客户了解才干的层面上，辅导的终极目的是帮助他/她达到自我实现。要想达成这个目的有三个步骤：对教练而言，这是一个帮助客户了解才干—欣赏才干—应用才干的过程；对客户来说，这是一个帮助客户自我认知—自我悦纳—自我实现的过程。前面的过程是来自辅导教练的助力，后面的过程则是客户自己的主攻。

了解才干的过程，即认知才干过程。这也是很多初学教练的人觉得最容易的辅导过程。经由一系列问题，我们可以帮助客户初步了解他的才干，以及这些才干的涵义。在客户自我认知的路上，提供给他一套新的描述自我的语言体系。这个过程会让客户对自己有一个全面的、更系统的认识。这是一个帮助他了解自我的过程。很多人会感到以前模糊的自我形象在优势语系下突然清晰起来，觉得发现了一个全新的自己，会有自我发现的兴奋感。

优势辅导最重要的部分其实是欣赏才干的部分。这是承上启下的过程。通过对才干功能的回顾与叙述，客户会从心底里认可这些才干，并进而欣赏悦纳拥有这些才干的自己。才干在这个阶段从印刷在报告上的文句，变成了有鲜活表现的个性特征。优势教练在这个阶段的目的，是帮助客户和自己的才干谈一次恋爱。在自我成长的路上，唯有爱上自己，才会活出自我。心理学家埃里克森说，人在青年期最重要的一个目的是要实现"自我同一性"，即理想自我与现实自我要统一起来，否则就会自我迷失。类似地，优势教练要帮助客户达到自我与才干的同一性，唯有拥抱与欣赏自己的才干，才能实现自我的真实性；唯有能够直面真实的自己，才能潇洒向前。

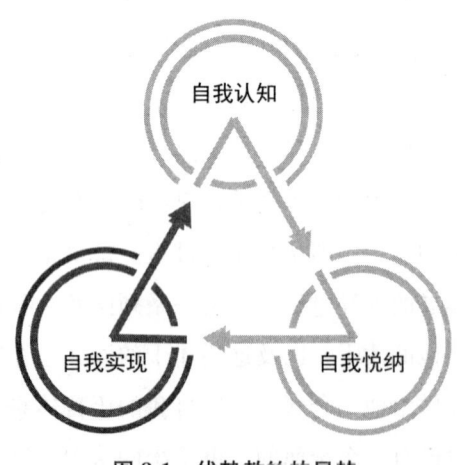

图 8-1 优势教练的目的

第八章 优势教练如何帮助你发挥优势

有了对自我的真正悦纳和对才干的真正欣赏，第三个阶段运用才干部分，即自我实现部分，也就水到渠成了。"天生我材必有用，千金散尽还复来"。无论眼前有什么样的挑战和迷局，都可以信手拈来我的才干，布局破解。到了这一步，真正是才干在手，所向披靡。每当听到客户对如何运用自身才干滔滔不绝时，我就知道，这次的辅导成功了！

二、优势教练的魔力在哪里——问题导向 VS 意义导向

人们什么时候会寻求优势教练的帮助呢？是当他们感到自身的能力和经验已经无法应对当前的困境或谜局，期望换一种视角来审视眼前的状况，并希望局外人能给予他们启发与灵感，帮助他们拨开云雾见晴天的时候。一个优秀教练在面临向你寻求帮助的客户滔滔不绝地讲述他遇到的"问题"或"困境"时，你应该怎么做才能不陷入客户的问题或困境中，并能保持清醒的头脑，快速敏感地捕捉到对他/她有意义的信息呢？

要回答这个问题，就需要了解一种理念，即叙事治疗的理念。叙事治疗是20世纪80年代兴起于澳大利亚和新西兰的一种治疗理念，其核心主旨是生活中的任何挫折、苦难、问题、困境，都有其意义或价值所在。叙事治疗师们就是帮助来访者从他叙述的问题线索中，去挖掘并寻找这些问题背后隐藏的、被来访者忽视的意义，并重写和丰厚这些意义事件，使其串联出一个有意义、有价值，能赋予来访者勇气和力量的故事。叙事治疗的过程就是从"问题主线"中寻找"意义辅线"，最终使这条"辅线"丰满厚重，并由此转换成"主线"的过程。换

言之，即让原来的配角变成主角，让来访者从无助痛苦自怨走向有力、乐观、积极的过程。优势教练帮助客户的过程与叙事治疗的过程如出一辙，优势教练要随时提醒自己，不要陷入客户的"问题"中，而是要透过问题看到"意义"。如何能看到意义呢？资深的优势教练需要帮助客户明白以下两点。

（一）"问题"源于他/她自身的才干

人们有什么样的痛苦，源于有什么样的追求。而我们的追求又和我们的才干紧密相关。一个有"追求"才干的人，会苦闷于不够知名、不够瞩目；一个有"竞争"才干的人，会苦闷于不是最棒、不是第一；一个有"体谅"才干的人，会苦闷于不被理解、不被关注。总之，我们的苦闷往往是被我们的才干所驱动，而这里面也暗含了我们的某种追求。

我辅导过一位私企老板，他的苦闷是认为自己能力不足，不能突破现有格局，不能在同等层级的中小企业中率先杀出重围，突破到新的高度。然而，他又不甘心原地发展，因为他相信企业经营不进则退。在苦苦思索并几经尝试未能成功后，他对自我产生了怀疑。一方面他觉得自己能力有限，非常自卑；另一方面又觉得自己是庸人自扰，完全没有必要如此焦虑。

分析他的才干报告，发现他在影响力和执行力两个维度都非常有优势，因此不难理解，尽管他已经取得一定的成功，为什么他还是对自己不够满意？为什么他已经做到一定规模，却还要寻求突破？与其说是对企业发展的绸缪，不如说这是他对自身的要求，而这种要求则来源于他自身在影响力和执行力领域才干的驱动。他始终在寻求突破并在行业中树立自身的品牌和影响力,无论他已经取得怎样的成功。换言之,这种追求卓越的焦虑将永远存在,他不得不通过不断迭代自己的成功来消除这种焦虑。

(二)成就源于他/她自身的才干

那么,是不是尝试让辅导对象了解到他/她的问题其根源于他/她自身的才干,就算是成功的优势辅导了呢?显然不是。让他/她理解到这一点,只是帮助他们获得更全面的自我认知而已。如果仅仅停留在这个层次,可能会适得其反地让他们更加不悦纳自己。因此,优势辅导特别重要的一点是要发现他/她的才干的"意义"所在。

一个人之所以能够成为今天的自己,绝对离不开对自身才干的使用。可以说,是才干成就了我们的过往和今天。因此,优势辅导特别关键的一个环节,就是让客户看到他/她的才干是如何给他们的工作和生活带来意义和价值的。

还是以刚才那位优秀的私企老板为例。他从一名普通的职员成长为成功的中小企业家,与他对自身的定位和追求息息相关。他为什么不满足于做一名普通的白领或金领呢?为什么一定要自己创业呢?是什么支撑他在艰难的创业过程中坚持始终并有所成就呢?他最引以为豪的故事是什么?在那个故事里,他遇到怎样的挫折或挑战?他是如何克服挫折或攻克挑战的?

当你去追问这些问题时,就会发现你的客户变得非常健谈、非常自信,会从刚才的沮丧中焕发出久违的雄心!这样说绝对没有夸张。当一个人苦苦思索而不得良策、几经尝试而屡试屡败时,他会陷入一种无助的心境体验中,浑然忘记了过往成功所带来的奋发与活力、勇气与激情。作为优势教练，你要帮助他看到他卓越的执行力以及他过人的影响力如何塑造了他的成功。通过引导他叙述，让他重温人生的巅峰时刻，让这些被忘记的"辅线"故事重新被丰厚、被大写，让客户的大脑神经重新进入兴奋运转状态，让他的主导才干重新被唤起，并迅速闪耀出光芒。由是，他的思路会忽然贯通，智慧之火会被重新点燃，甚至不经你的点拨和启发，他已经找到该如何去面对眼前的问题与困惑的新点子，因为他重新发现了自我、找到了自我！

优势教练就如同一面镜子，让他看到了自己困惑的根源，同时也发现了解决问题的钥匙，那钥匙就隐藏在过往经验所蕴藏的智慧里，作为优势教练的你，帮他重新发现了这些经验的"意义"。

如此，优势教练的过程就如同在重写和丰厚一个人的才干故事。通过这个新故事，客户重新认识了自己，也重新认识了自己的才干；同时，也帮助他再次接纳和欣赏了自己，并从内心深处接纳和欣赏了自己的才干。

至此，优势辅导即完成这样一个循环：从问题开始，经由对过往成功的挖掘，再次回到问题本身。在认识上，也完成这样一个循环：问题的根源始于才干的驱动，成就的取得也缘自才干的发挥，问题解决的密码就隐藏在客户自己内心深处。这就是优势教练的魔力所在，他们总是能够在问题的表象下，发现隐含着的意义，并从客户自身挖掘到最宝贵的解决问题的资源。

三、优势教练遵循哪些原则

我以个人的经验总结了优势辅导过程中特别有用的 3 个原则：以客户为中心；以解决问题为目的；以探寻式提问为方式。

（一）以客户为中心

经常有新认证的优势教练问我，总是觉得自己对客户的优势报告解读总是停留在表面上，怎样才能够让优势辅导更加深入？要回客户这个问题并没有那么容易，因为这不仅仅是教练经验和资历的问题，还是一个辅导入手点的问题。

优势辅导辅导的是人，而不是报告，报告只是作为一个接入点，最终是希望让报告和人合二为一，让人从报告中走出来，让报告进入人的内心。只有充分了解和欣赏自己的才干，才会有信心更好地利用自己的才干。

我在辅导客户之前，总会去想象优势报告后面是什么样的一个人？他有着怎样有趣的故事？他现在的状态好不好，有没有在利用自己的才干？才干发挥得如何？可以说，对人的好奇是这个部分成功落实的关键。

优势教练容易走入误区通常是就报告而论报告，按照报告中所排列的才干顺序一个一个地和客户探讨这些才干是怎样在其身上发挥作用的。这样做比较安全，但是也很容易流于表面并很快词穷，不知道接下来该说什么。客户感觉这个报告很像自己，但人和报告仍然是两个东西没有有机地合二为一。

优势识别器测出来的每个人的才干本质上和其他心理测量测出来的结果是一样的，只要测评者是认真如实的测试问题，那么测评结果一定会如实地反映这个人真实的特征优势。教练辅导的目的是帮助这个人站在局外人的角度去重新审视自己，并且把眼前的这份报告和自己的过往、当下与未来联系起来。对客户个人的好奇会帮助我们更好的把文字上的描述和这个人联系到一起，努力在他内心深处引起共鸣，让他对自我和报告产生内在的认同感。

感觉自己辅导不够深入的另一种可能原因是教练解释的时间远大于客户自我阐述和反馈的时间，没有给客户足够的时间和机会去梳理和挖掘自己。优势教练过程中，教练和客户的谈话时间比应该控制在"二八"原则上，即教练在整个会谈过程中谈话时间大约占 20% 左右，而客户占 80% 左右。这样的一个分配会让客户感觉到自己在不断地思考、不断地梳理，会让客户在内心深处有一个成长。如果优势教练不断地解释每个才干的含义，并且试图去获得客户的认同而没有留给客户足够多的时间去阐述，客户也就只会停留在认同的层面，而不能激发出更多的思考和成长点。有趣的是，这种情况很容易发生在自身影响力很强的优势教练身上。影响力强的优势教练一方面基于自己强大的控制欲望而希望在辅导过程中说教客户，另一方面又因为这种影响力的需求而希望高度影响客户，但结果往往事与愿违。

所以，在辅导客户时，自身影响力较强的优势教练尤其要进行自我优势的管理，提醒自己关注引导和倾听。我个人也是影响力较强的优势教练，对此深有体会，也同样听到很多其他影响力较强的优势教练类似的反馈。在此，以我的研究生导师送给我的4个字提醒大家：学会倾听。当时我心中不愿承认自己不会倾听，但多年过去，尤其是接触优势理念后，我发现影响力强大的我的确需要在会谈咨询中耐心倾听，并给予客户足够述说的机会。

（二）以解决问题为目的

优势辅导的目的永远是以解决问题为目的。优势辅导不是仅仅停留在自我认知的层面上，而是要帮助客户解决他目前遇到的问题或者想要实现的目标。至于问题的提出，可以是在开始时提出，也可以是在我们辅导到第三个阶段的时候提出。那么怎样去帮助客户解决他们遇到的问题或者想要实现的目标呢？我们可以借助心理咨询中短期焦点解决的方法来实现这个环节的目的。

首先，我们可以请客户描述或者想象问题解决后是什么样的状态？这里，不妨使用水晶球教练方法，即假如你面前放着一个水晶球，你憧憬的目标实现了或者你的问题得到解决了，你希望在水晶球里看到的是什么样的状态呢？

其次，在客户描述了解决后的状态之后，我们可以问他，为了达到这样一个状态，有没有什么事情是你可以第一步要去做的？

再次，接着问他，第一步这件事可以用你哪些才干去实现呢？

最后，你预计什么时候去落实第一步的计划呢？

经过这样一系列的提问（以上提问技术也可以从埃里克森教练技术或其他引导式教练技术中借鉴），我们可以帮助客户制订一个可以落实第一步的简单计划。有了这样一个开始，就会给客户增加解决问题的信心，并且推动他开始去解决问题。

也有教练会问，我们是不是可以只专注在解决问题上，而忽略掉前面两个部分，即了解才干和认可才干部分呢？答案是不可忽略。因为如果一个优势的辅导员，只针对以上几个问题来提问，那他就不是纯粹的基于优势的辅导了。事实上，如果客户很容易地回答怎样去解决这件事，那么这件事情就不是真正困扰他的事情。通常在他真的能够回答出这样几个问题之前都会有一大段的时间，我们要和他一起去挖掘，他为什么会感到困惑或者困难。前面我们讲过一个人面临的问题源自他的才干，为什么会在这个地方让这个人纠结彷徨或者裹足不前呢？最根本的原因势必与他的才干息息相关。

我们需要去帮助客户分析，为什么在这个地方停滞了？这里面就会涉及他的内在特征，也就是他的才干特征，以及是哪些才干阻碍了他。同样，一个人的成功也源自他的才干，我们可以有意识地去帮助他回忆自己的巅峰时刻，去理清自己过去成功与才干的关系。经由巅峰时刻的体验，让他重新看到自己的力量所在，他就会重新拥有解决眼前困境的勇气和方法。

因此，尽管问题可能在辅导刚开始时就提出，但我们仍需要他到困惑的山谷里走一圈。经过这样一个山谷里的徘徊和旅行漫步，我们会帮助客户更加清晰全面地认识自己，找到困惑的底层根由，重新发现和认识自我。你会发现尽管有时辅导的三个阶段可能不会按顺序出现，但最终绕不开任何一个阶段。就好像我们先站到山顶上想要看清前方的路，但在这之前我们必须回顾走过的山谷，以了解自己从哪里来。

（三）以探寻式启发为方式

探寻式启发是心理咨询中的重要技术，在优势教练过程中同样非常重要。优势教练在认证学习的过程中，已经了解到很多才干组合可能会展现出的个体思考方式、行为方式以及人际交往方式，并且知道才干的诸多特性，所以在拿到客户的报告后，会自然而然地给出一些假设。

我个人认为有一些假设是必要的，但在辅导过程中，还是要抛开假设，放空自己。那么假设的作用又在哪里呢？体现在两点：一是假设让我们保持对才干属性的敏感，并更容易从客户的经历和感受中寻找到才干的作用。比如，客户觉得自己很"排难"，但"排难"却排在最后，觉得很不服气。那么，我会请他描述他是怎样去排难的，结果会发现其实不是"排难"，而是"责任"和"成就"在帮他解决问题，使他成为大家的求助对象，在公司是这样，在家庭也是这样。同事和亲戚都爱找他，他还不好意思说不，觉得很累，但又不好意思推脱，时间一长就成了大家公认的"排难"能手。但其实他是出于责任，而不是真的享受解决这些问题的过程。二是假设会帮助我们形成更好的问题。好的问题会更深层次、多角度地帮助客户认识自己。比如，一个客户战略思维领域的才干很多，而执行力领域偏少，我会好奇，这些思维才干如何助力她的两份截然不同的工作？她则意识到以前做咨询顾问时比较享受并得心应手，现在自己则特别欣赏执行力强的下属，并有意招聘这样的下属来弥补自己的不足。而自己的战略思维能力也是前几任经理所不具备的，这是老板比较欣赏自己的原因，也是自己目前非常喜欢这份工作的原因。这样的一个问题，会帮助客户历史性地思考自己的才干，获得更全面的自我认知。

无论第一点还是第二点，在会谈时，都应该遵循一个原则，就是探寻式的启发。不下定论，不做暗示性的引导，而是和他一起探寻一个问题的可能答案。我们可能有一些假设，但问的问题要避免让客户猜到这些假设。比如，上面的问题，如果我的假设是战略思维能力强的客户一定更喜欢做咨询顾问，而不是行政经理，那么显然就太武断了。或者如果我直接这样提问：这么多战略思维的才干应该很有助于做咨询顾问，而执行力的不足您是如何弥补呢？这就会产生消极的暗示，让客户觉得自己的确有这样一个明显的弱势存在。事实上，不影响客户成功的非优势才干是不会一定成为弱势的。尽管在我咨询过的很多客户中，执行力才干是他们渴望的才干或者令他们抓狂的才干，但显然并不是所有客户都有这种体验。故而，在会谈过程中，我常常会使用这样一些探寻式的教练话术：

"这样的才干组合对您来说意味着什么？"

"这些人际关系领域的才干是如何助力您的工作的？"

"我非常好奇，您这么快就晋升了，是什么才干帮助您取得这么多成绩的？"

"您以行动力著称，那么您是怎么有效地规避可能的风险的呢（对'行动'前五，'审慎'后五的客户）？"

……

所以，优势教练一定不要主观武断，应多使用探寻式的提问去帮助自己更加客观中性，并在提出问题后期待你所预期的或令你惊讶的意外收获吧!

（四）小结

以上三条辅导原则与大卫·库珀里德的"欣赏式探寻"的4个步骤非常相似。欣赏式探寻主要用于组织的变革，但同样也用于个人的自我成长。欣赏式探寻强调要相信人的内在力量，而不是依靠外部力量来推动。在这一点上，它与罗杰斯所强调的人有自我成长、自我实现的倾向是不谋而合的，在理念上都尊崇人本主义思想。

欣赏式探寻有4个步骤（见图8-2）：发现（Discover）、梦想（Dream）、设计（Design）和实现（Destiny）。

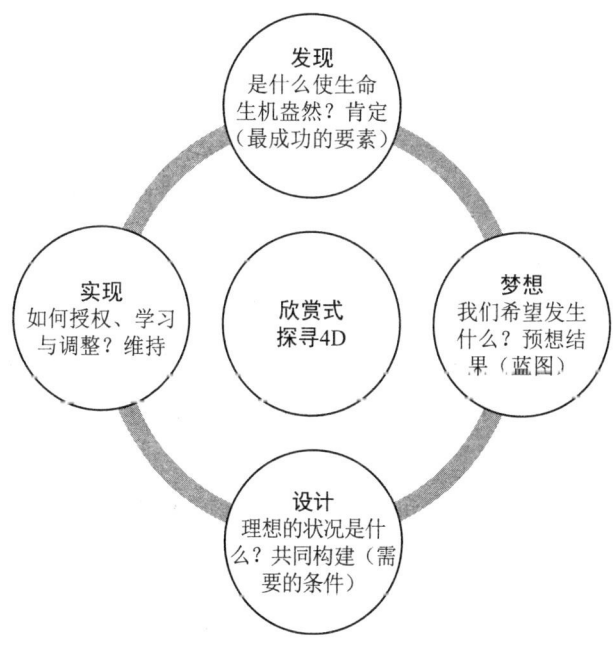

图8-2 欣赏式探寻的4个步骤

绽放你的职场优势

第一步，发现。即发现什么使我们的生命如此独特而又生机盎然？促使我们走到今天的最底层的推动力量是什么？这和优势辅导的第一步和第二步，也就是了解才干和认可才干是一致的。我们需要知道作为独特的个体，我们每个人有什么独特的才干，这些才干又是怎样成就我们今天的。在这个过程中，巅峰时刻的回忆非常有帮助，我们通过对自己过往的自我发现、自我整理、自我认可来更肯定地认识自己。从积极的角度、优势的角度来一次自我发现之旅。

第二步，梦想。也就是基于现在，我们期待未来发生什么样的结果？我们的方向在哪里？只有方向明确，我们才不会随波逐流，才会有的放矢。无论个人还是组织都需要这样一个方向的探索，都需要为自己设定一个奋斗的方向、努力的梦想。这个梦想不一定是人生的梦想，可能只是未来半年或者一年工作上的愿望或期望取得的成就。这就与前面说过的以解决问题为目的的优势辅导方法相一致了，无论是为了目标而战还是为了困惑而战，这都是我们实现梦想的一种过程。

梦想的细化或者梦想的形象化会更加吸引我们去努力实现它，水晶球教练方法就是帮助我们去把梦想或者目标具体化、形象化。有了这样一个非常鲜活的具体的蓝图吸引着我们，我们就会更加期望赶快以行动来实现它。

第三步，设计。当我们清楚梦想之后，我们要怎样去通过一步一步的实践或者行动计划来实现这些梦想？这是对于建议的细化，比如我们下一步开始应该做什么，我们应该从什么样的行动开始第一步？哪些人要参与，哪些人要扮演什么样的角色？我自己要扮演什么样的角色？我的哪些才干可以更好地发挥作用？我可以利用团队成员的哪些才干？

最后一步，实现。在行动计划设计清楚后，一步一步去落实，最后就会导致梦想的实现。优势辅导的关键点在于，我们要能够激发客户开始走第一步。好的开始是成功的一半。对客户自我才干的充分欣赏和认可，会激发客户内在潜能和力量的爆发，第一个行动则犹如推动客户将箭搭在弦上蓄势待发一样，就待客户结束教练过程后即如离弦之箭一样，在足够力量和决心的加持下，一发而不可收拾，向着梦想大步前行。

四、优势教练会预先对客户作出假设吗

我在美国学习期间，有一门课是"家庭与婚姻咨询理论与流派"。在第一节课上，教授就给了一个非常典型的案例让我们分析原因。案例是一位女士遇到了死缠烂打不愿分手的男友，并多次以自杀相威胁，令女士不堪受扰。

我们每个人都给出自己的分析，结果老师听完后说你们都对！因为从精神分析的角度看，这可能是一个童年依恋关系建立不足或遭到破坏的典型案例；而从叙事治疗的角度分析，童年的遭遇并不足够成为成年后非社会行为的理由，他有一万种可能形成正常的亲社会的人格，相反，早期的苦难应该是培养他坚毅品质的沃土（不过，可能这种坚毅的品质用过了头，就变成了对女友分手的死缠烂打），所以咨询的重点是帮助他重新看到自己的力量，是自己真正的坚毅，而不是通过拥有一段亲密关系来证明。再看策略派治疗师，他会觉得是女友手段不够果决,才会让该男纠缠不断,出几个很绝的策略比如找几个打手上门给他一点颜色,他就会知道厉害而放弃纠缠。当然还有更多流派以及基于其流派自身的治疗假设而采取的不同处理方法。

从以上案例可以看出,心理咨询是有假设的。但作为咨询师,尽管你会基于所学理论有一些假设,但在面对客户时,还是要暂时抛开你的假设,保持空杯心态,跟随客户的节奏,邀请并引导客户充分打开自己。就像社会科学研究者做田野调查一样,你之前查阅的文献只能为你的调查设计起到框架和提纲挈领的作用,当你面对访谈对象时,要完全放空自己,以开放的心态、采用开放的问题去获取全面的信息。当然,在这个过程中,你会把听到的信息和你已知的理论和文献进行对照比较,你也会对那些感兴趣的点继续深挖,这些感兴趣的点可能是和文献类似而又有所不同的,你需要知道得更详实;也有可能是全新的,从未出现在文献的记载中,而你更是这些内容的首要发现者。总之,无论作为咨询师还是科研人员,抑或是教练,纵使你"满腹经纶",在面对你的客户时,你仍需要"虚怀若谷"。

以上是关于假设是否应该有,以及如何在面对客户时使用假设的见解,如同我在前面所描述的,假设的使用需要大胆假设、小心求证。这需要教练具有空杯和开放心态。作为优势教练,我们需要知道每一个才干的特性,并知道拥有该才干或若干才干组合的个体会表现出怎样的思考方式、行为方式和人际交往方式,因此当一份才干报告放在优势教练面前时,教练可以根据自己对才干的理解、对人的理解来做一些假设。接下来，我会分享我所理解的优势假设的目的，以及我通常会做出哪些假设。

假设有它的目的：首先，假设可以帮助客户欣赏他的主导才干，进而认可和拥抱自己的主导才干，获得更高度的自我认可。其次，假设允许教练帮助客户提前预防才干可能带来的问题，比如弱势才干或处于饥饿状态的才干所带来的人生迷思，以及这些迷思对目前工作和生活的困扰。最后，假设让教练更有准备地提出有启发性的问题，以启发客户在短时间内深度思考，产生更多可能的顿悟时刻。

因此，我在面对才干报告时，通常会从以下两个方面去思考，并做出一些可能的假设。

（一）导向成功的才干组合展现出怎样的叠加效应

作为优势教练，要时刻持有优势的视角。所以，在看一个人的才干报告时，我的思维惯性是去想哪些才干驱动了我的客户取得了今天的成就？我非常注重客户的第一才干和第二才干。因为以我个人的教练经验来看，每个人的第一才干和第二才干基本上引导了这个人从过去到未来工作上和生活上的所有决策和行为。可以说第一才干和第二才干搭配其他的排在前面的才干，形成了每一个独特的个体。所以，在拿到报告后，我会重点去看第一、第二才干，并尝试去思考，这两个才干和其他才干组合会有什么样的叠加效应？联系到客户个人的工作经历和目前的职位情况，我又会好奇这些才干是如何能够成就该客户的？

此外，我也会特别注意那些个性比较突出的才干，比如：行动才干非常具有个性，拥有该才干的人一定会表现出缺乏耐心，希望快速行动的特质，这几乎无一例外；而成就才干则是另外一个很有个性的才干，这个才干会让一个人不断地去取得一个又一个目标；还有责任才干，拥有责任才干的个体会把所有自己揽到手上的活都从心底里认为需要"我不负人"地努力完成。如果以上3个才干出现在同一个人的前五个才干中，那么这个人就等于有3个很有个性的才干，就必然会展示出行动力很强的特征，属于不待扬鞭自奋蹄的自我驱动型人才，而且非常有责任心，一定会圆满完成交给的任务。所以当我看到这样3个才干的时候，我就会有这样的假设猜想，该客户应该是这样一种个性的人，那么他到底是不是呢？这也会令我对他更加好奇。

（二）可能需要控制怎样的风险，做什么样的自我管理

风险控制指的是两个方面：一是对成功才干的惯性使用可能带来的风险；二是对弱势才干或弱势才干领域可能产生的羁绊作用进行管理。成功才干指的是驱动一个人取得成就的主导才干。然而，如同我们前面所论述的，这些主导才干也很容易被惯性使用，从而带来副作用。比如一个人如果习惯性地使用他的"统率"，不分场合地发号施令，那么可能会让团队以及同僚产生反感，不配合他的指令或要求，最终导致他总是孤军奋战，"统率"也就失去了它应有的作用。还有才干组合也可能会展示出被惯性使用的副作用，如刚才提到的拥有"行动""成就"和"责任"三个很强的才干的客户，他有可能会面临

第八章 优势教练如何帮助你发挥优势

惯性使用这三个才干组合的情况。他一定是一个高绩效的人才，如果带领团队，一定希望打造和他一样高绩效的团队。然而，他也有可能揽下过多的任务，给自己带来很大压力，也给团队带来很大压力。

当然，这是一种假设，情况可能不完全如此，但有很大程度上的可能性。因此在辅导时我会带着这个假设，或者说带着这样一个疑问去倾听。也许他自己会提到这一点，如果没有提到，那么我可能会通过探寻式启发侧面了解是否存在这样的情况，帮助他认识到这一点并启发管理的办法。这种认识并不是提醒他需要去做出改变，而是提醒他去关注自己的内心和团队的感受，让管理变得更有效，也让自己有更全面的自我认知和更好的自我效能。

风险控制的另一种可能是对弱势才干或弱势才干领域的管理。排在后面的才干如果阻碍了客户的工作效率或降低了客户的成功率，那么这些就是需要管理的弱势才干。这几项才干是否是需要管理的才干呢？有哪些才干可以替代这些才干的功能？更多时候，可以把这几项才干放在领导力的4个维度里看，因为在同一个领导力维度里，通常只要有几个才干属于主导才干，那么这些才干会替代排名靠后的才干的作用。因此，尽管在该领域有排在后面的才干，也不会影响客户在本领域的领导力表现。比如，如果客户的"思维""战略"排在后面，但有"分析"和"理念"排在前十位，同样可以起到很好的思维能力的作用。因此，大多数真正成为弱势的才干，往往可能集中在某一个领域，比如都集中在影响力领域或者都集中在人际关系领域。这个

123

时候，这些才干可能真的都成了一个人的不足之处。

我会在见到这个客户之前思考，他是如何用前面的主导才干弥补这些弱势才干的不足的？有什么样的最佳的弱势才干的管理方法可能最适合他？比如寻找最佳搭档，还是让自己的主导才干发挥更大的光芒，从而压住这些弱势才干的不足？在我咨询过的客户中，有的客户会很纠结自己在某个领域的才干欠缺，并试图去弥补；而有些客户则完全不在意那些弱势才干，尽管他也知道自己在这个方面存在不足，但在其他领域的表现足够光芒四射，让领导和下属都非常赏识，使他完全可以忽略那些弱势才干。所以，针对不同的客户，我们需要不同的假设和引导方法。

以上就是我在辅导客户之前，会做的一些准备性认识和对才干分布的一些假设。我会把这些思考和分析放在一边，以空杯的心态与每一位客户对谈。但这些预先的准备工作会让我时刻保持敏感，无论客户处在怎样的状态下，我都会努力和他一起看到才干带给他的丰盛的成就，就如同和他一起站在阳台上观赏美丽的风景；同时，我也会和他一起走过地下室，帮助他打开通风口，让新鲜的空气涌入，让他获得对自身弱势才干进行管理的启发。真正的自由是你对自己有全面的了解之后的自我管理，我希望我的客户，无论是身处阳台还是地下室，都能获得自由的呼吸！

五、优势辅导案例展示

为了呈现如何基于优势报告来进行客户辅导，我特别挑选

第八章 优势教练如何帮助你发挥优势

了两个真实的案例与大家分享。这两个案例一个是初次辅导案例，一个是跟进辅导案例，希望能帮助大家看到优势教练是如何围绕一个人的才干进行辅导的，也希望通过个案，让大家更清晰地感受才干如何影响一个人的所思和所行。在案例中，我加了注释（注）和评论（评），注释是对教练辅导原理的说明，以方便读者理解我们的教练方法；评论是对客户才干表现的评价，帮助读者看到才干在不同客户身上所展示出的不同表现。

（一）初次优势辅导案例

辅导嘉宾：Kuma

Kuma 小介：海龟一枚，外企金融人士。爱吃、爱喝、爱睡觉，喜欢尝试各种新鲜美好事物。曾是龟毛 & 追求完美的处女座，现在正在走向佛系青年的随性之路。2018 年 9 月在情绪的低谷期接触到盖洛普。盖洛普测试让她更加了解自己、接纳自己，也理解了自己，甚至还发现了自己的独特，因为前 10 项才干中有 7 项关系主题的人可能真的不多。"接受辅导的过程中印象最深刻的一句话，是教练跟我说的'原本对于迟到，我觉得有些内疚和抱歉，但你的体谅让我一下子释怀了。可能我一年会辅导很多案例，但你会让我印象深刻'。那一刻我感觉我的体谅被人感受到了，而且对方因为我的体谅而感觉到舒服，这对于体谅排在才干第一位的我来说是极大的满足。也谢谢教练给我的'适应'平反，让我在生活中对才干的管理有了更清晰的方向，其实该被管理的是'排难'呢"。

教练的话：辅导 Kuma 时我临时有事迟到了，内心很是焦虑和不安，没想到接通 Kuma 的电话后，她非常体谅地让我不

绽放你的职场优势

要着急,说没有关系。我很感动,有"体谅"才干排在第一位就是不同啊,真的是让人有如沐春风般的感受。这让我觉得"体谅"如果需要一个昵称的话,那我一定会给它命名"春之风",如果用英文的话,那应该就叫"sweet heart",因为我真的觉得 I love it!

Kuma 是一位非常可爱又善解人意的年轻职场女士,曾在海外留学,现在金融业工作,喜欢画画,热爱时尚,美丽而灵动。看她的才干,你会发现,哇,原来关系建立才干是这样的强大,她的所思、所行、所向往都与关系建立有关。她不仅通过关系去拓展人际网络,她还可以借用关系去执行,经由关系去思考,使用关系去影响!关系才干之美在 Kuma 这里尽情展现!

在这个案例里,大家会看到我近期的优势辅导风格。响应盖洛普最新版的优势报告,我开始尝试直接从领导力才干地图切入进行优势辅导,而不是按照才干排序来进行。令我惊喜的是,客户对自己在某个领导力维度的才干组合更有感觉,觉得更像自己。这样很容易帮助客户来到自我认可和欣赏的阶段。因为,才干的聚集总体上反映了一个人在某个维度的天赋,更容易得到其本人的认同。以往我和客户逐一讨论才干报告时,大家更容易首先去想哪个才干不应该排在这里,关注点会很容易走向自己的非优势才干部分,教练需要花很多精力再把客户引回到自我欣赏的状态。

当然,使用才干地图也同样会遇到这样的问题,比如 Kuma 就在开头谈到了自己的困扰:"会发现凡是涉及影响别人感受的事我就过不去。"通常我不会在刚开始辅导时就在客户的非才干部分以及对主导才干的过度使用方面展开，我会先引导客户从积极的角度来看自己的才干，在结束之前再回到其最初提到的困惑上来。这样保证大部分时间我们都专注在帮助她认可和欣赏自己的才干上来，这才是让优势启发人、赋能人的作用得以发挥的保证。

下面，即将呈现我与 Kuma 的辅导实录。诚挚感谢 Kuma 愿意并勇于与大家分享！

表 8-1　Kuma 的前十才干

执行力	影响力	关系建立	战略思维
统筹	完美	个别 交往 伯乐 体谅 关联 适应	前瞻 学习

（开场白省略）

教练：Kuma，从才干的领导力地图来看，你的大部分才干集中在人际关系领域，这和你理解的自己是一致的吗，还有我也特别好奇这么多人际关系领域的才干对你来说意味着什么呢？（注：直接从才干领导力地图切入）

客户：哈哈，是呢，这的确就是我。对我来说有什么涵义呢？我现在回想过去的一些事，会发现凡是涉及影响别人感受的事我就过不去。我就不知道为什么，而且有时候会太在意那个关系，就是有的时候会因为为了帮助别人，耽误了自己的事

绽放你的
　　职场优势

儿，或者说就是太照顾每一个人，然后耽误了整个的大目标。但我做了才干报告之后，我就想为什么别人能过得去，我就当不了耳边风呢？这应该算是它的副作用吧。

教练：嗯，就是特别在意别人的感受，可能还会因此耽误了原来的目标，如果这算是它的副作用，那它的好的地方在哪儿呢，它有好的地方吗？（注：优势视角的引导）

客户：啊，还是有的，比如特别有亲和力，然后就是和谁都处得来。总部的那些同事第一眼见到我都很喜欢，推进很多事情的时候就靠这种资源，有这个关系比较好推进。

教练：你刚才讲到在总部推进工作很顺畅，那么现在还是在公司上班，对吧？能大约介绍一下您的岗位、工作职责等情况么？（注：了解客户的工作情况会非常有助于更好地进入她的语言体系，也能够更快地与她的才干建立联结）

客户：我现在是在××××国际金融中心的中国综合办事处，目前属于比较特殊的状态，在这之前我们所做的事情是比较杂的，但是后来因为一些原因，就导致我们现在两个手下都从不太主要的业务中剥离了出来，然后做了很长一段时间的翻译。所以我也是在比较纠结的那个时期做的盖洛普报告，当时也是有考虑从事一个副业，就是当时考虑想转行，所以就去上了这个课。现在的状况是暂时留在这个单位，每天的工作就是老板希望我出去跑客户。

教练：嗯，那么你在这家公司多久了呀？

客户：一年。刚开始前半年是超负荷地工作，因为我们5月份有一个很大的活动，相当于是一个盛大的开幕，我们总部最高层——阿拉伯那边的部长都要过来，所以我们当时整个前半年都在忙这个活动，基本上没有一天休息，周末也都在工作，每天差不多都到晚上十一二点。但是那个活动办得蛮成功的，也挺有成就感的吧，最后也得到了很多同事和高层的认可。（注：客户谈到了一次巅峰体验）

教练：噢，太好了！那个活动是你来主导的，对吧？

客户：算是吧！

教练：嗯嗯！因为我看到你在关系建立方面有这么多非常好的才干，包括你的"体谅"是第一位，然后还有"适应""关联""伯乐""交往"和"个别"。啊，这么多人际才干，我相信这些才干应该在你推动这件事情上起到了很大作用。因为举办一场大型活动实际上是耗费很多精力的，事无巨细，可能都要照顾到，不能有一丝的疏漏，那么能大约回忆一下，当时人际关系方面的这些才干是怎样帮助到你的呢？可能是某个单一才干，或者是才干组合叠加在一起发挥作用，所以才会把这件事办得那么好，得到领导的认可？（注：引导客户通过巅峰体验来欣赏自己的才干，认识到成就来源于才干的发挥）

客户：这个可能是"体谅"在发生作用，就是我们部门无论是谁捅了娄子，得罪了人，都是我来帮他们处理。基本上大家只要一得罪人，那些人都会来找我，然后我就都能给他们安慰好。我很知道他们想要听什么，这些娄子都是坑，都是我帮大家填好的。这个我觉得可能是"体谅"吧，但我不知道跟"个别"有没有关系。然后在这个过程当中，其实有很多沟通类的工作，包括和供应商、总部，他们双方的需求要吻合，我

129

绽放你的职场优势

特别知道怎么说、如何表达可以让总部的人接受我的方案,这样的话,我的沟通就是次数最少的。同样,供应商给我设计稿后,我也知道用什么样的方式呈现给总部可以让他们一次性通过。

教练:太棒了!

客户:这是其中一个,还有,平时没事的时候,我也会去找总部财务的人聊天,结果就是让我们的报销走得特别快。这是我用关系去处理的一个方式。还有一件事,会议当天我们中国办公室整体要送一个礼物给我们主席,当时我考虑准备有中国特色的礼物以中国办公室的名义送上去,但是怕他不知道这个礼物的来源而瞧不上,后来大家都没有办法的时候,我找到了主席身边比较值得信赖的一个新加坡华人,并跟他讲了一下礼物是怎么选的,且告诉他礼物是以中国办公室这个名义送的,最后主席就很开心。我觉得这个还是用到了"个别"吧,就是我能比较清楚地知道每一件事情谁能真的帮到我,我觉得这是帮助我成功的挺重要的一个因素,包括之前申请升学我也是知道找什么样的人帮我推荐,他不会拒绝我,且对我最有帮助。

教练:真是太好了!太精彩了!在这件事情中,我能够听到"统筹",你觉得呢?(注:使用探寻式的语气提问)

客户:对,因为"统筹"在整个协调各方资源,而后在多方事情同时落实时肯定是用到了。

教练:那你觉得这里面有"完美"在起作用吗?

客户:在我准备每一个活动、在做每一个单项任务的时

第八章 优势教练如何帮助你发挥优势

候,比如我自己写一个季刊,算是研究类型的,我觉得那个"完美"就起了特别大的作用。它让我一开始很焦虑,但是最后出来的结果是特别地好,就真的是连着通宵都在写,最后又是熬了一个通宵,一个字一个字去校对、翻译、排版。所以,"完美"更多地体现在这单项中,每一个单项任务在完成的时候,还包括那个设计图什么的,就真的只要有一个细节让我觉得不是很舒服,我就重新回去改,包括颜色、形状什么的,都要求体现得完美。(评:完美主义者首先对自己是苛刻的)

教练:好的!我还注意到你的"前瞻"和"学习"也排在前面,"前瞻"指的是你能够看到未来的蓝图,希望有这个蓝图指引,到达目的地。"学习"是你需要不断更新自己的知识,享受学习的过程,因为学习而感到快乐。这两个才干在你的日常工作中是怎样起作用的?(注:继续探讨其他领导力领域的主导才干)

客户:刚开始工作的时候,"前瞻"用得还是很多的,现在处于放弃状态,就不太用。我觉得它主要体现在如下,即我老板只要做一件事情,我就能看到他做这件事情的代价,以及未来会发生的一系列事情,所以我会帮他一起提前预防可能发生的问题。我觉得这个是我用到"前瞻"的一个部分。"学习"的体现,就是翻译的时候,其实我并不仅仅追求把这个东西翻译正确了、意思表达出来了就行,我还要知道这个专有名词背后是什么,我会去查核资料、去学习,我很享受这个过程。但是学了之后有什么用呢,我并不知道,我只是觉得学那个过程很开心,又掌握了一门新知识。可能在给客户讲的时候,我能

绽放你的职场优势

讲得比一般人通透，可能别人只是把这个专有名字摆出来秀，但我会给他们讲讲背后是个什么意思，然后深入浅出地给他们讲，所以，他们就会觉得我讲东西很清楚，这反过来可能也帮助了我的人际交往。

教练：这个反过来还会增强人际关系，真的太棒了！其实刚才你讲到别人经常捅娄子，最后都是由你去给他解决掉，由此我看到了你身上"排难"的作用，这个排在第11个，对吧？（注：帮助客户认可他忽略的才干）

客户：对，我之前做了一版优势报告，"排难"还更靠前一些，就是我总能找到解决问题的方法，但是我可能不一定那么容易发现问题。

教练：一般比如说喜欢发现问题的人，他的"分析"才干会比较靠前，因为"分析"才干就是特别喜欢分析一件事，然后发现很多问题。你的"分析"才干排在第31个，可能这就是为什么你觉得你不那么容易发现问题？而且也可能因为"适应""体谅"这些人际关系的才干，让你更容易接纳别人，虽然有些事情和你原来想的不一样，但是你也会觉得OK，只要别人喜欢就好。会是这样吗？（注：没有凭空的爱和恨，所有感受都可以找到才干的根源。当客户讲述时，我会在她的优势报告中浏览，并时刻保持敏感）

客户：哈哈哈，很对！

教练：刚刚我们已经谈到了你的大部分排在前面的才干，前面你讲到现在是处在一个过渡的阶段，那对目前这种状态，或者说对未来的规划，你觉得你怎样可以更好地去运用这些才

第八章 优势教练如何帮助你发挥优势

干来帮助你做一个更加清晰的规划，或者是选择一个方向呢？（注：开始应用才干，转向未来对才干的进一步发挥）

客户：我回想了一下过去所有的这些成就，给我最大满足的不是说我自己做到了一个特别牛的业绩，而是我看到了通过我的帮助别人成功了。所以我其实是个挺人际的人，执行力主题都是挺靠后的，且执行力上不来。目前这份工作还没有明确的职责分工，未来可能会被安排什么样的工作目前还不是特别明朗，届时如果真到了必须要内部转型的话，我可能会从这点出发，未来找的工作可能会是一个以人为中心的，这样的话我会有优势，一个是有天赋，另一个是我自己的内在驱动力会比较强。

还有像我这样的人是很不适合做研究的，做起来会很痛苦，但是我之前做了3年半的交易员，其实也还挺需要研究的，我后来分析了一下，虽然自己的研究逻辑没有那么强，但是我总能找出最强大脑，就是我能找出市场上谁的观点是最靠谱的，或者是谁的逻辑是最强的，我自己想不出来，但我能认出人家的好，然后我就靠利用这些最强大脑走过来的。（评：人际关系强的人通过他人来执行！）

此外，我觉得身边有很多很优秀的人，我在开始做职业规划的时候就应该多和他们聊一聊，看他们会给出一些什么样的建议，我感觉这就是我整个思维的过程，自己想可能只想出两步，但是在和别人聊的过程当中我自己能想得更远。（评：人际关系强的人通过与人沟通来思考！）

教练：刚才听你讲，当你帮助别人成功的时候，你会觉得

133

特别开心，这和你的第三个才干"伯乐"实际上是有关的，对吧？（注：继续帮助客户欣赏自身的才干）

客户：对噢！

教练：刚才你提到目前的岗位分工还不是很明确，未来希望能够做与人有关，或者帮助人的事情，那么已经有初步计划了吗？（注：进一步帮助客户澄清她的计划，以推动未来的行动可能）

客户：是的，初步想转到 HR 方向。先从做优势教练开始吧。

教练：这个方向听起来是符合刚才讲到的与人有关的选择，那么具体有什么行动可以让自己往这个方向走更近一步呢？（注：继续推动令计划可以更具体，计划越具体，说明思考已经足够细致，也更容易导向实际行动）

客户：今年报了心理教练的一些课程。先学这些，然后再正式切入 HR 领域。

教练：非常好，已经开始行动起来了！那么估计多久会觉得做好准备了，可以正式转向 HR 领域了呢？（注：引导客户设定行动的期限）

客户：我希望一年以后吧。

教练：好的，那我期待一年后你可以顺利转入 HR 部门。

（注：在优势教练过程中，作为教练的我通常不会引导客户转行，而是把更多精力放在其如何在现有岗位上发挥自身优势。但如果客户主动想要转入更能发挥优势的领域，且从教练的角度的确发现客户有处于饥饿状态的才干需要关注，那么我

第八章 优势教练如何帮助你发挥优势

会顺应客户的思路进行引导。在本案例中,我觉得做得不足之处是没有对客户过去所从事的工作进行更多才干视角的分析,以引导其更为辩证地评价自身才干与转换工作内容上的匹配度)

教练:上面我们聊的基本都是您排在前面的才干,那么对这些才干,您还有什么问题或者困惑吗?

客户:有的,我不太喜欢"适应",我觉得自己一直在变,我打从心里不喜欢"适应"的,或者说挺介意的。

教练:你说的"一直在变化"具体指的是什么呢?是换了很多工作吗?

客户:不是,我之前去过不少国家。我就是经常不能聚焦,总是别人让我帮忙,我就去帮了,太能适应了。

教练:哦,那可能不是你的"适应"在起作用,而是你的"排难"。"排难"喜欢到处救火,喜欢当救火司令,而且享受救火后的成就感。

客户:对对对,我就是喜欢这样,而且可能因为我人际关系的原因,我不好意思拒绝帮助别人。

教练:对的,是你的人际能力和排难能力在让你到处帮忙,而不仅仅是"适应"。相反,"适应"可能在你去到不同国家的时候,会帮助你积极适应新环境、新人群。

客户:不过,我为什么很难聚焦呢?

教练:你说到聚焦,我看到你的"专注"才干排在第28位,还有"纪律"才干排在第30位,这应该是你难以聚焦的原因。"专注"帮助我们聚焦在重要的事情上,并从头跟到尾;而"纪律"则帮助我们设定具体的落地执行计划,而且不喜欢

135

绽放你的
职场优势

计划被打乱，希望按照计划执行。你难以聚焦可能会和这两个才干有关。

客户：对，我就是有时明知道一件事情很重要，但还是没有按照计划去做。

教练：那么你需要管理一下这些非优势的才干。你尝试过使用记事本或者重要事件列表的方法吗？（注：当非优势才干明显给客户带来困扰时，我会直接明示客户进行管理）

客户：我列过，但发现做的事情和列的事情完全不同。

教练：那说明这些才干真的是需要好好管理的才干了！我们管理非优势才干有几种方法，可以分享给你：一是你可以尝试作个重要事件提醒，比如，使用您的"前瞻"才干把你想达成的目标蓝图化，然后每天提醒自己，或者感觉自己偏离了方向时提醒自己；另外，也可以找个纪律性强的伙伴来提醒监督自己。类似这样的自我管理你尝试过吗，会觉得容易执行吗？

客户：我觉得挺好的，我还没有试过。可以试试。

教练：好的，那么还有一个提醒，就是因为你强大的人际关系能力，以及你的"排难"、"责任"才干，所以你通常不会对人说NO，对吗？

客户：对，就是这样！（注：回到开头时她提到一遇到人际关系的事她就过不去了，这潜在揭示的可能存在对"关系"才干的惯性使用，此处提醒客户进行适当管理）

教练：那么，后面如果想专注，可能需要适当地说一下"No"。我觉得你会把"No"说得明白又不让别人伤心的，因为你有那么多人际关系才干，你觉得呢？（注：客户的问题通常是容易惯性地使用自己的才干,所以提醒很重要。我这里语气比较直接,受我自己"影响力"才干的影响,大家可以尝试更为委婉的语气)

客户:是的,以前我没有意识到这个问题,后面我应该要跟大家宣布我需要进行自我管理了!

教练:肯定没有问题!那么我们总结一下。我们从你的"人际"才干入手,回顾了你的巅峰时刻,进而讨论了一些主要才干的作用。之后我们也谈到你2019年计划,你会转向做与人有关、发挥伯乐效果的工作,即HR领域。最后我们也谈到如何管理你的非优势才干。你自己对这次辅导感觉如何?

客户:非常好!首先,我对自己之前不是很清楚的几个才干有了更为清晰的认识。其次,特别重要地,洗白了"适应",让我重新喜欢这个才干。它的确在我不断前往的国家的过程中发挥了重要作用。最后,对2019年规划更清晰了。非常感谢!

(辅导结束)

教练反思

这是一次非常中规中矩的优势辅导过程。

从教练任务上讲,Kuma是一位非常年轻的女士,她还处在职业探索期,教练过程中需要解决的问题比较简单,就是帮助她全面认知自己,找到最适合自己优势发挥的职业方向。

从教练技术上看,优势教练过程区别于其他教练过程的地方在于,优势教练需要有很长一段时间去进行优势主题的理解和内化,需要先有自我认知和自我悦纳,才会有好的自我实现。这是非常人本主义的辅导过程，即充分相信一个人自身的成长能力，撬动自我实现的前提是为他/她的自我认知赋能。

本次辅导可以改进的地方有两点。一是在前期悦纳才干的部分，可以做得更深入一些，比如可以增加一两个问题：在这些才干中，你最喜欢的是哪个或哪几个？你觉得你老板或者你身边的人最欣赏你的什么才干？以此来帮助她更加欣赏自己。二是后期谈到新的职业选择时，可以通过水晶球问题方式等帮她看到更清晰的未来图景：假如你面前有一个水晶球，那里面是你设想的 HR 工作实现后的情景，你觉得你会在做什么，你的心情如何？这样的问题可以激发她对实现图景的渴望，并更可能驱动她行动起来。

（二）跟进优势辅导案例

嘉宾：小塔

小塔小介：游戏爱好者，互联网产品经理，也是一名优势教练。小塔的才干主题以"战略思维"和"影响力"为主，理解能力强，表达从不缺词汇。前十大才干有4个思维、5个影响力，一个建立关系是"伯乐"，执行主题一个没有。强大的自信＋行动主题，小塔总是对新项目、创业充满热情。

教练的话：小塔的优势我们之前曾经一起讨论过，所以这次辅导，我并没有再去直接对才干主题做认知和欣赏，而是直接从小塔近期面临的一个选择困境开始。但在辅导过程中，小塔的才干特质一直在我心中，我期望从才干的视角启发小塔做出他所期望的选择。

第八章 优势教练如何帮助你发挥优势

此外，从教练技术上看，当我回顾这个案例时，也有一些对作为教练的反思。在这个案例中，我发现我的辅导风格明显受到自身才干的影响。我在影响力和战略思维领域才干较多，作为教练，尤其是在辅导非常熟悉的小塔时，我几次控制不住自己想要为他出谋划策。这个案例是我几年前的一个案例，或许不是最佳的示范，但感谢小塔愿意把这个案例与读者分享，这次辅导的效果也得到小塔的认可。这让我想起优势教练培训课上引起大家争议和讨论的一个教练案例。那是盖洛普的一位资深美国教练，她的风格就是非常直接的、引导性的，大家都觉得她的风格与教练的标准要求不相符，但那个案例中的客户也明显受益于当时的辅导了。

当然，我引用本案例的目的不是要说明这种风格的效果，而是希望给大家看到两点：一是在优势辅导过程中，当客户率先抛出一个问题时，我们不需要回避，或者硬要扯到才干上去说事情，因为无论哪个教练，核心是辅导人，而不是他/她的报告。但作为教练，对客户的才干以及才干可能会如何影响其感受和选择，要有洞见，并能够迂回到最本质的才干上来，帮助客户明白他/她的成就来自才干，纠结也来自才干。如何做出人生中的每一步选择，也要照顾到才干的需求。二是希望通过这个案例，让大家看到教练在自我才干的管理上也有一个过程。我们也在不断成长，无论是对才干的管理，还是教练技巧。希望新手教练可以对自己有更多一份信心，允许自己在某个阶段存在不完美。

表8-2是小塔的领导力才干。从才干分布可以看到，小塔

绽放你的
职场优势

的大部分才干分布在影响力和战略思维领域里。他也的确是这样一个人，非常有远见，思维跳跃性强并有很多奇思妙想。大学时他就开始尝试创业，工作后他也选择进入非常时尚的电竞行业。他内心有非常强的个人能量宇宙，并一直努力追求最极致的成功与认可。在本次优势辅导中，小塔在战略思维领域的才干也充分得以体现，但他最终的选择更多地反映出他的影响力才干的需求。

表8-2 小塔的前十才干

执行力	影响力	关系建立	战略思维
	行动 完美 自信 沟通 竞争	伯乐	战略 理念 前瞻 学习

下面将呈现我与小塔的辅导实录。诚挚感谢小塔愿意并勇于与大家分享！

（开场白省略）

教练：小塔，我们已经很熟悉你的优势报告了，那么，在我们的辅导开始之前，我想知道一下您有什么特别想要了解的，或者您有什么希望更为有效地利用我们这45分钟辅导的想法吗？（注：直接从问题开始）

客户：对，我最近刚好赶上一个问题，正纠结着怎么办呢。是这样的，我们准备成立一个新的事业部，我们部门大领导要去那边带这个部门，我们的人基本上都要去这个新事业部，目前上层还没有确定由谁来接我们目前正在做的这个项目。我目前在这个项目上做得其实还不错，如果坚持下去，也会有不错的成果。我在犹豫到底跟着走还是留下来继续做。

教练：那么有多少人会跟着去新事业部？

客户：我这个圈子的人基本上都走。

教练：这是一个重要的选择。从人际关系的角度或者从团队工作的熟悉程度上来讲，肯定是跟着你的团队，跟着熟悉你的人、欣赏你的人一起走是最好的。但是从眼前的成果来看，现在这个已经有成果的项目对你来讲就更加实在一些。如果跟着新团队走，能否取得成就，能否干出事情来，且像现在这样干得这么好，这个是不能确定的事情。是吗？

客户：对。

教练：然后如果……

客户：就是它如果干得好的话就会特别好，但概率不是特别大，我觉得。

教练：为什么呢？

客户：因为这个领域里面本来就很难，我们现在在做的一个日获有500万的手机社交产品出来了，但它有一个局限性，即它是基于游戏社区这样一个基因发展起来的，所以用户都是玩某一款游戏的玩家，要打破这个界限，让普通人也有一个理由来用，跨出这个坎是比较难的。虽然我们眼前这个东西看上去还不错，有500万的日获，但是如果想要发展开的话确实是比较难的。一个是外围的人环境，这个游戏在2014年达到一个巅峰，就是说受到全世界的关注，超级多的用户。但是这个巅峰过了之后，它其实已经开始在走下坡路了，因为同类游戏的竞争会越来越多，相对来说它不会再有那么强的一个持续的增长爆发。然后在这个极限上面，我们PC端上的工具类的软件，最高达到2 000万的日获，所以这个里面只有一部分的人会用我们的手机端，因而这个东西就会框住用户群的范围。明年我们的目标要做到1 000万的日获，其实这个游戏的用户不超过60%，我觉得这个目标按现在来讲没有一个可行的方案，就是包括领导的眼里也是没有的，只是说我们会有钱、有人去探索，去尝试。但是我觉得这个跟我自己去做创业的风险差不多，只是不需要我们自己出资而已。

教练：我记得你以前说过你曾经多次创业，这在某种程度上是不是你曾经向往做的事情呢？（注：我对客户太了解了！）

客户：是的，在某种程度上确实是我曾经向往做的事情，而且这个事情做成了的话我能够取得一定的战功，或者是被推到前台及被关注的概率也是比较高的。其实这个也是我之前考虑的，因为我原来是一个垂直领域中的一个比较狭窄而专业的人员，我之前做的都是针对游戏这一块的一些电商类的东西。但是在电商里面它不是很主流，在游戏里面也不是很主流，如果有人需要做的话就会发现我是比较专业的，我能够去做这样的事情，且能带来成果。但是在互联网社交的环境里，对我的认同度不会太高。这个就是我心里面比较纠结的一个点。但是如果我现在去做这个新产品的话，即去负责手机盒子这一块产品的话，就会让我转型，等于让我变成能做这个主流的社交软件的产品经营，由我负责一个有几百万甚至上千万日获的一个

第八章 优势教练如何帮助你发挥优势

移动社交软件,这能够让我得到社会公认,我比较看重这一点。

还有,这是一个创业的过程,如果能行,当然回报也是比较丰厚的,且积累的人际关系也不错。一起过去的老板,就是我们20个做技术的人里面加上这边的一些领导,他们原来在公司上市的时候就已经成了新富豪。我会觉得这是一件蛮美好的事情,(笑着说)所以当时是做了这个决定,不过这两天又有点纠结。

教练:好的。我觉得你的分析我是非常理解的。从你的优势来看,你的思维能力,包括"战略""分析",以及"前瞻"都是非常强的。所以当遇到这样一个选择的时候,自然就会去分析,尽管你现在仍在犹豫。那么你之所以做出这样一个选择,它的原因是哪些呢?(注:关注到客户很多影响力方面的才干,我希望求证追逐梦想的力量在这次决策中会起多大作用)

客户:我之前曾经多次创业,只是以前创业的那些事情是看得见、摸得着的,它的盘子有多大我是很清楚的,所要做的是如何去得到这个盘子,或者把这个事情做成功。而现在这个事情呢,因为现在互联网的变化速度非常快、日新月异,我的领导肯定是有一个想法的,如果能够探索出这条路径,那么它的收益一定非常大,前景也是非常好的。

教练:大家都没有把握,或者说不知道要多长时间、要走多少弯路才能探索出比较好的一条成功之路,而且是在其他人之前先探索出来,先有它的市场化,我觉得这是一个非常美的梦,而且它的成果也是非常诱人的,只是这个道路可能有点艰险，有很多未知数。那它为什么会吸引你呢？你觉得自身在影响力方面的才干会在这里起什么作用吗？（注：继续求证影响力的需求有多大）

客户：是。我其实能肯定的是这个事如果成功，我会有非常高的成就感。我顾虑的一点是，以往创业或是做什么，都是我在领头，我在调动他人，然而现在在实际参与创业的过程中，是首批的元老在领头，相对来说主动权不在自己手上。这个时候我就会特别想要寻求安全感。目前这个项目我只能打到70分。

教练：嗯，没错。我想有这样的一种顾虑也很正常。作为领导来讲，他其实也是冒了很大的风险，在做一件看不到边际的事情……那么他做这件事情是主动的，还是……（注：后面从其他现实因素引导客户分析这个选择）

客户：主动的，他之前有跟 CEO 聊过，现在基本上能确定下来先由独立的一个事业部去做，然后要看董事会决定是不是同意他把这个事业部买下来作为一个独立的公司。

教练：噢，这样。你从他们这些行动中看，他对这件事情很有决心吗？

客户：对，我们老大是一个非常好的人，他对自己人好这一点是毋庸置疑的，所以这么多人一直愿意跟在他身边，不是因为要有一个成果，也可能不是一个效益最优化的选择。而是情感层面占比很重，都觉得他是好人。

教练：那如果是这样子的话，目前去他那里的工资情况怎么样呢？

客户：工资的话可能不会比现在少。

教练：如果是这样的话，短期在工资上的损失不存在，那么如果项目不顺利，会怎样呢？

客户：我跟身边所有同我们老大比较熟的人聊下来的感受是他绝对不会亏待我们。

教练：我听下来觉得其实有利因素还是有很多，对吗？

客户：对。这可能也是我最初就做了去的决定的原因。

教练：回过头来，我们也看一下，假如说你要走了，那么你手上这个项目，你觉得有没有必要更好地交接善后呢？或者有什么好的方法处理这个事？（注：引导其思考对另一个选择的善后处理）

客户：对于要交接这件事，我想可以把对这个事情的一些构想、展望形成一个书面的东西，找一个机会去跟我们老大做一个沟通，让他了解我对这个项目付出了多少努力，同时也让他知道我对这个项目是有信心的，而且是非常热爱这个项目、舍不得离开的，如果我还在的话相信这个项目会做得非常好。

这样做的一个好处，就是如果我将这个项目交出去了，我会感到我得到了认可。另外，如果说一旦将来新接手的这个人做得不够完美，我的新项目也不顺的话，也许还有机会回到这边来。

教练：对，我觉得这样一个沟通是非常必要的。如果你将这边处理好了，去到新项目的时候，你是不是就会觉得更加安心、更加踏实地跟着新团队去做一些事情呢？

客户：其实我做原来的项目，可能对自己的学习和成长不会有做这个新项目来得那么丰富，因为那个毕竟是自己熟悉的一个套路，就是属于怎么把它精益求精地、按时间去推进，抓住一些机会不去犯错就行了。我个人觉得我只要不犯错，它就能再翻一倍。

教练：你本身也是对自己有很高的要求，所以说，一个正在结果实的项目突然间让给别人，或者说把它转出去的话，对你来讲真的是一个很难的选择。（评：客户对现在手上做得很顺的项目仍有留恋，其实是对该项目即将带来的影响和荣誉的渴望，这仍是他的影响力才干的需求）

客户：不过从长远的角度看，好像是新项目有更多可能性，路会更宽阔一些。跟你聊了之后，我自己也在梳理，一起去的这些大佬，如果他们的人际圈子我能够拓展进去的话，我整个人生的可能性就会大很多。说不定哪天我也能和老大坐下来一起喝茶，对吧。（笑）（评：新项目虽然还没有起步，但一旦成功会带来更大的影响和更多的荣誉，这是她所以纠结的原因。归根结底，无论做哪种选择都是"影响力"才干的需求要得到满足。"战略思维"才干则在分析这两个项目的影响力大小上起到辅助作用）

教练：我们来总结一下刚才谈到的眼前这个选择的可能，你是觉得这两者选择后面一个可能更有助于你向梦想靠近，但眼前可能会牺牲掉一些东西，是吗？

客户：嗯，确实是。

教练：作为教练，在这个过程中我不仅一直听到你非常战略性、前瞻性地去想你到底应该怎样走这条路，或是选择这些路。而且我也能够看到你对自我的追求和对他人认可的追求，以及对能够拥有一个自我展示平台的渴求，包括你能不能放下现在已经做得比较成功的事情，其实也是你对自我影响力的一种追求。此外，你对到了新的团队里面取得成功后的种种可能的分析，其实还是对自我的一种追求。你追求的是一种作为一个非常优秀人士所能够获取的影响力。你感觉是这样吗？（注：让客户更加了解自己的才干，以及才干带来的驱动力量）

客户：是的，将"追求"排在前面我觉得是比较准的，这几年我意识到我有时候太好出风头，所以会刻意地让自己隐藏这一点，这样人际关系会好很多。

教练：你的"追求"虽然没有在前十位，但也不是很靠后，另外你在影响力维度的其他才干，如"竞争""完美""自信"，都会促使你希望得到认可。只是单从"追求"本身来讲，它更多的含义是，我要让人记住我，但这不是我的目标，而是说我要实实在在为这个社会做点事情，因此人们记住了我。就是你的重点在前面，而不是在后面。所以最终你一定要得到认可，只是说到底你看到的是人们的认可还是你自己的成就。这个是区别。但是无论如何你最终都是做出了成就的（注：在优势辅导中，为了澄清某些概念，一定的教育是需要的）。

客户：真的，我在做任何一个新产品的时候，都会想能帮到多少人，能够让他们的生活更美好一点，这让我觉得特别有干劲，之后我也会通过这种方式去激励团队的人。

教练：是的，实际上我们的报告只是一个参考，更重要的是你觉得这是不是你。

绽放你的职场优势

客户：我会觉得我对于好面子这种东西有抵触，因为从小我家里人都说我喜欢出去炫耀，然后我对这个东西就是在潜意识里就产生了抵触。也许没有想刻意回避它，但是我想我会不自觉地回避，比如说本来应该选择第一个而我选了第二个，就是这样。

教练：明白。

客户：因为从小被这样教育是不好的，我从小就被这样教育，就是都很看不惯。

教练：好的。我们的优势就如同照亮我们前行的灯一样，我知道哪个灯在最亮的那个位置，然后我们只需要把它放在后面一点，它只是在我心里亮着，不给别人看见，但它仍然是你最亮的那个。

客户：是的，我心里其实知道。

教练：好的，由于时间关系，我们今天就只能聊这么多。稍微做个总结，我们大约讨论了两种不同选择的得失利弊，也连接到你的才干以及才干后面连动的内在需求，希望今天我们一起的梳理对你在做选择时能有一些帮助。

客户：嗯，相当有帮助！我这个人虽然平时自己也会想，但跟别人聊会帮助我想得更全面。跟你聊了之后，我现在很清晰了（笑了）。

教练反思

辅导小塔是一个直接通过优势来解决问题的过程。这个问题是他目前面临的一个选择，我的目的是帮助他做出最适合自

第八章 优势教练如何帮助你发挥优势

己优势发展的选择。

在这个辅导中，让他清楚自己在做出选择时考虑哪些因素，以及这些因素与他的优势之间的关系，或者说是什么优势在驱动他作出这样的考虑，这是辅导的一个重点。因为一旦明白底层驱动，也就明白什么是不可辜负的。在这个案例中，小塔的影响力优势一直是他的主要驱动力。

另外，我也借用了一点高绩效教练的 GROW 模型（目标、现实、选择、意愿），在帮他厘清现实中不同选择带来的不同后果时使用了"现实"部分的一些技术，在后面做出选择后如何处理另一个备选方向时，使用了"选择"和"意愿"的一点技术。但总体上，还是以优势辅导技术为主。

附　录

常见十大优势辅导 Q&A

在辅导新认证的优势教练时，大家会跟我分享一些问题。这些问题有的来自教练自己对才干的疑惑，有的来自教练辅导客户时遇到的问题。在此整理了一些比较常见的问题，并尝试作答，希望能对大家有所启发。

1. 我的"伯乐"才干排在第 7 位，但我感觉是因为我做了教练之后，需要不断地看别人的优点，所以才会有了这个才干。您觉得这是天生的还是后天训练出来的呢？

这个问题有点像我做多了慈善，见多了疾苦，就有了悲悯心一样，那么到底是先天就有悲悯呢，还是后天培养出来的呢？答案是都有，先天的更多，后天又把它加强了！

心理学家认为我们天生就有自我实现倾向，所以我们从出生后就会自发地去发挥自己的才干，或者至少走在发挥自我才干的路上。具体到这个案例，还是先天就有"伯乐"的特质，才会选择去做教练这个职业。那么，通过对不同才干的了解，更加容易识别出他人的才干，从而加强了"伯乐"的能力，使其更加凸显。

为什么现在感觉这个才干更明显，而以前没有感觉到呢？那是因为过去这个才干被埋没了，没有用武之地。它过去一直在沉睡，现在只是醒了。

2."排难"才干排在最后，我怎么没有感觉到难呢？我为什么没觉得有什么难以解决的事呢？

"排难"一方面是善于发现问题、解决问题，另一方面是有这个才干的人享受解决问题的过程，以解决问题为乐，喜欢到处救火的感觉。你的"排难"才干排在最后，却不觉得解决问题是个麻烦事，有可能和您的"积极"（第8个）和"学习"（第1个）有关。"积极"让您看问题很正面，天下没有难事；"学习"使您拥有强大的资源整合能力，任何困难都可以通过学习和了解，找到解决的方法。这两个才干打了组合拳，替代了"排难"的功能。

3. 一个人的才干不一定和他的状态相符，她不在状态上，怎么办呢？

辅导人有两个层次：一是辅导才干，怎么认识自我、发挥自我才干；二是帮他找到最佳状态，从目前纠结、焦灼、踯躅中走出来，给他一个新思维、新视角、新态度。前者是浅层次的，容易的；后者则是更考验教练功力的，需要教练个人达到一定层次和阅历，才能做到。这就有了所谓"点化"的作用，一语惊醒梦中人，让他产生顿悟感，并痛下决心，斩断乱麻，有所舍弃，决然向前。

优势辅导的最高层次是点化人，通常一次辅导可能会从最初的辅导才干，到发现问题，再转向辅导人生；也有可能从一开始客户就坦露他的困惑，那么直接就是辅导人生了。但无论是哪一种，都是围绕优势展开，因为症结通常由才干引起，打开这个结也必得经由才干。

一次优势辅导，如果能够打开客户的某个"结"，那就够了！

4. 有时候看一个人的才干，觉得好厉害，但实际上一辅导，发现也就是个普通人，怎么解释这个现象呢？

一个人的才干肯定受他的整体能力限制的。比尔·盖茨的"前瞻"才干和我们普通人的"前瞻"才干的能量肯定不一样。作为教练，我们要让每个人在他的能量水平上，最好地发挥他的才干，至于此才干和彼才干，可能并不具备比较性。

5. 我的一个朋友测了两次，为什么两次的前5个才干都不一样呢？

不一样很正常，如果完全一样，那就不正常了。要理解这个问题，需要知道以下信息：

测评是一个回答问题的过程，这个过程必然会产生测量误差。这个误差可能来自单纯的操作性失误，比如误选或漏选，也可能来自主观误差，比如选了自己理想中的反应，而不是现实反应。

盖洛普曾经做过实验，就是请一组人反复多测测评，看测评结果的走向，发现一个人的突出才干会始终在回归线附近徘徊，而辅助性才干则更不稳定，会散落到回归线以外更远些的地方。所以无论几次测量，排在前10—12位的突出才干都不会有太大更改，只是排在第5位还是第8位的差异。而这种顺序上的差异，在实际数值上可能并不大。

如果一个人对自己的才干非常不确定，可以使用阅读才干主题的描述,并用笔勾画"最符合自己描述"的方法来甄别。那些一看就"非常像我"的描述所对应的才干,应该就是自己真正的才干。

6. 团队要四个象限都均衡吗?

团队不能有短板,但不必一样均衡。团队也应该有团队的特征。比如运营团队,其特征应该是偏重执行,但影响力、关系力和思维力都不应该欠缺,如果某一维度才干非常少,就会出现短板。

7. 可以把优势识别器用作招聘吗?

优势识别器是一个发展性工具,不适合用来做选拔工具。因为测评结果不出现才干的得分数值,没有办法对候选人进行横向比较。而且,决定一个候选人是否适合某个岗位,也不是只具备某个领域的才干就可以决定的。比如,并不是只要人际关系能力强就可以成为成功的销售人员,还需要其他领域才干的综合作用才会起到最终的效果。

8. 我的影响力怎么那么弱,我的执行力怎么没有呢?

某个领导力象限没有排在前面的才干,并不意味着就没有这个象限的能力。通常其他象限的才干会弥补这个象限的功能。比如,关系型领导人会通过强大的人际交往能力建立自己的领导力,而战略思维型的领导人在开口讲话之前,同样会有思维上的缜密性令听众静下心专注倾听,这就是他的影响力。同样,执行力型的领导在谈到运营时,也会有绝对的权威。所以,领导风格的不同,决定了影响力发挥方式的差异,但毫无疑问,这些不同风格的领导都是有影响力的。

9. 给我的一个同事做了一次辅导，但约好隔两个月再次辅导，看她如何运用自己的优势，但这次联系她，感觉她并不太想第二次辅导，这是为什么？

可能有两个原因：一是第一次辅导时，认可的环节做得不足。认可是把优势报告和个人融为一体、掰开揉碎再用优势语系重塑的过程。在这个过程中，个人充分理解自己、接纳自己、认可自己，并欣赏自己。之后才会因为喜欢自己的才干，而更愿意去有意识地运用这些才干，也更乐于去与人分享自己在运用过程中的新感受、新发现。如果这个部分做得不足，就不会让她产生这种感觉，就会流于"我已经了解了我的优势，但怎样用它还没有感觉"，进而也就不想分享了。二是在辅导自己的同事时，一定要在辅导结束时感谢同事的分享，并承诺保密。这是因为，在优势辅导过程中，被辅导对象会打开自己的内心分享一些敏感的个人信息和感受，但辅导结束后，则可能有被窥视感而有所顾虑。所以，郑重的保密承诺和感谢会带来下一次的分享机会。

10. 做团队辅导时，只是讲了团队的特点和优势 DNA，团队领导和成员都会觉得没什么收获。怎么突破呢？

团队辅导和个人辅导是一样的，也要遵循了解—欣赏—应用这样一个循环。在了解环节，可以看看团队的特点，是什么才干为主的团队，有没有短板。哪些人可以贡献思维才干，哪些人可以贡献关系才干。谁和谁可以完美搭档，比如思维和执行的搭档，关系和影响的搭档。这是认识团队才干。

接下来一定要花精力做的是欣赏阶段。可以让团队回忆他们做得最棒的事、完成得最好的任务以及取得的最大成就，这些事是应用了团队什么才干？他们给其他团队的印象是怎样的？他们最引以为傲的是什么？等等。只有这个阶段做足了，后面的应用阶段才会水到渠成。

参考文献

1. ［美］汤姆·拉思：《盖洛普优势识别器 2.0》，中国青年出版社 2012 年版。

2. ［英］格雷戈·麦吉沃恩：《精要主义》，浙江人民出版社 2016 年版。

3. ［美］安德斯·埃里克森、［美］罗伯特·普尔：《刻意练习：如何从新手到大师》，王正林，译，机械工业出版社 2016 年版。

4. ［美］吉姆·柯林斯：《从优秀到卓越》，俞利军，译，中信出版社 2009 年版。

5. ［澳］莉·沃特斯：《优势教养：发现、培养孩子优势的实用教养方法》，闫丛丛，译，中信出版集团 2018 年版。

6. 张日昇：《咨询心理学》，人民教育出版社 2009 年版。

7. ［美］斯坦利·麦克里斯特尔，等：《赋能：打造应对不确定性的敏捷团队》，林爽喆，译，中信出版社 2017 年版。

8. 张靓蓓、李安：《李安传：十年一觉电影梦》，中信出版社 2013 年版。

9. 冯唐：《成事》，天津人民出版社 2019 年版。

10. ［美］罗德·瓦格纳、［美］詹姆斯·哈特：《伟大管理的 12 要素》，宋戈、周蔓，译，中信出版社 2008 年版。

11. ［美］帕蒂·麦考德：《奈飞文化手册》，范珂，译，浙江文化教育出版社 2018 年版。

12. ［美］杰拉·达克沃思：《坚毅：释放激情与坚持的力量》，安妮，译，中信出版社 2017 年版。

13. ［美］亚历克斯·佩塔克斯、［美］伊莱恩·丹顿：《思维的囚徒：活出生命的意义 7 原则》，赵晓瑞，译，中信出版社 2019 年版。

14. ［美］戴维·B.德雷克、［美］黛安娜·布伦南、［丹麦］金·戈尔茨：《教练式管理：心理资本时代，企业适应和创造未来的智慧》，黄学焦、王之波，译，北京大学出版社 2013 年版。

后　记

　　三年前的一天，当我快结束一个优势辅导个案时，客户突然问我：你平常喜欢写东西吗？我觉得你应该写一些东西出来，我从你的辅导中得到这么多帮助，你一定积累了很多案例，应该把这些东西写出来启发更多人。

　　她的话虽然触动了我，但受惰性影响，我并没有真的动笔。但受此启发，我开始逐渐把那些有趣的案例记录下来，或是客户对某一个优势主题的描述，或是他们对自己优势的感觉和分析，更多地是他们如何在工作和生活中运用这些优势……

　　当我的文件夹里有越来越多的记录时，我觉得是时候将它们整理一下了。所以，现在你看到的这本书，即是我对这些记录的整理。"谢谢亲爱的，也许你已经忘记了当时说的话，但我却记在了心里。"优势辅导是这样奇妙的对话，我们经常会在对话的某一阶段，大部分是在快结束的时候，有一些个人层面的交流，这种交流不仅对我的客户有指导作用，也常常对我产生某些启发。

　　本书得以最终完成，有赖于这些年来与我倾心沟通的客户的支持，在此深深地感谢大家，是你们让我看到优势在每个人身上展现出的不同特征与表现。尤其要感谢为我提供个人优势运用故事并同意我引用你们原话的嘉宾们，你们无私的支持和

后　记

鼓励，才让我得以完成本书。特别感谢本书最后的案例嘉宾Kuma女士和小塔先生，谢谢你们的勇气，愿意让我完整收录与你们的辅导对话，你们的支持也给了我莫大的勇气和大家作这样坦诚的分享！

我要特别感谢为本书作序的林总（林国雄），感谢您在百忙之中抽出宝贵时间与读者分享您对优势理念的认同和感悟，这是对我出版本书的最诚挚支持！还要特别感谢联袂推荐本书的沈总（沈峰）、苏总（苏骏）、吕总（吕红）、金总（金玲）、徐总（徐华）、韩晓燕教授和叶斌博士，你们的认可和友谊是对我最大的鼓励！

最后的诚挚谢意我要致以本书的责任编辑熊艳老师、装帧设计陈雪莲老师和插画设计郭爽老师。感谢熊艳老师在本书出版过程中付出的细心、耐心及高度的专业性和责任感；感谢陈雪莲老师周末加班设计封面，不厌其烦地一遍遍调整力求完美；感谢郭爽老师用极佳的领悟力为本书绘制了生动而有趣的漫画！

优势理念和实践才刚刚起步，真诚希望每个人都能及时了解自己的天赋优势，顺"势"而为，乘上优势的羽翼在自己最擅长的领域尽情翱翔。由于时间和水平有限，本书局限和不完美之处在所难免，但我希望能以此抛砖引玉，启发更多人开启对自我优势的好奇和探索，并激发更多的优势爱好者展开对优势的讨论和交流，让优势影响到更多人。

闲暇之余我会偶尔弹一下古琴，很喜欢李白的一句诗——"为我一挥手，如听万壑松"，说的是听了蜀僧濬弹琴后的感

159

受。这感受总让我想起很多客户在了解了自己优势后的心情，好像优势打开了一个内心深处的新世界，那里有万壑松林，因优势之风而涛声隐隐，蓄势万千。我希望读到本书的你也能获得这种被赋能的感觉，也希望有更多的人因优势而被赋能，绽放出独特的职场光芒。

王海萍

2021年12月6日于上海

图书在版编目(CIP)数据

绽放你的职场优势 / 王海萍著. — 上海：上海社会科学院出版社，2022
ISBN 978 - 7 - 5520 - 3234 - 5

Ⅰ.①绽… Ⅱ.①王… Ⅲ.①成功心理—通俗读物 Ⅳ.①B848.4 - 49

中国版本图书馆 CIP 数据核字(2021)第 260302 号

绽放你的职场优势

著　　者：王海萍
责任编辑：熊　艳
封面设计：陈雪莲
插画设计：郭　爽
出版发行：上海社会科学院出版社
　　　　　上海顺昌路 622 号　邮编 200025
　　　　　电话总机 021 - 63315947　销售热线 021 - 53063735
　　　　　http://www.sassp.cn　E-mail：sassp@sassp.cn
照　　排：南京展土出版信息技术有限公司
印　　刷：上海新文印刷厂有限公司
开　　本：890 毫米×1240 毫米　1/32
印　　张：5.5
字　　数：115 千
版　　次：2022 年 2 月第 1 版　2022 年 2 月第 1 次印刷

ISBN 978 - 7 - 5520 - 3234 - 5/B·309　　　　　　定价：58.00 元

版权所有　翻印必究